UNE VIE À CHERCHER

Acteurs de la Science

Fondée par Richard Moreau,
professeur honoraire à l'Université de Paris XII
Dirigée par Claude Brezinski et Roger Teyssou

La collection Acteurs de la Science est consacrée à des études sur les acteurs de l'épopée scientifique moderne ; à des inédits et à des réimpressions de mémoires scientifiques anciens ; à des textes consacrés en leur temps à de grands savants par leurs pairs ; à des évaluations sur les découvertes les plus marquantes et la pratique de la Science.

Dernières parutions

Robert LOCQUENEUX, *Les commencements du monde, de Moïse à Buffon*, 2020.
Alain MARMONIER, *Le Dr Melchior Marmonier,1813-1891.Vie et œuvre du promoteur de la transfusion sanguine en Grésivaudan,* 2020.
Claudio GRIMALDI, *Les Éloges de Fontenelle. La création du discours sur la science*, 2020.
Benoît LINEL, *Le docteur Vitalien. Le médecin de Ménélik II*, 2020.
Joël MARCOVITCH, *L'embryon, mémoire de l'humanité*, 2020.
Christiane VILAIN, *Où va la physique ? De la physique mécaniste à quelques élaborations contemporaines,* 2019
Vincent LAFORGE, *La chair et le plomb*, 2019.
Jean-Yves DE LA CAFFINIÈRE, *Robert Merle d'Aubigné, Chirurgien bâtisseur (1900-1989),* 2019.
Roger TEYSSOU, *Théodore Tronchin et la grande aventure de l'inoculation de la variole*, 2019.
Sofiane BOUHDIBA, *Le côté obscur de la médecine. Mauvais médecins et médecins mauvais, de l'Antiquité à nos jours*, 2019.
Daniel BOIS, *L'information aux sources de la science*, 2019.
Alexandru MARINESCU, *Le voyage de la « Belgica », Premier hivernage dans les glaces antarctiques,* 2019.

Frédéric Tournier

Une vie à chercher

Entretien avec Michel Bornens

L'Harmattan

5-7, rue de l'École-Polytechnique, 75005 Paris

http://www.editions-harmattan.fr

ISBN : 978-2-343-21223-4
EAN : 9782343212234

ommaire

Avant-propos

L'activité de chercheur est bien à part. Chercher doit être une passion ; et le chercheur, un obsédé. Il n'est d'ailleurs pas forcément nécessaire de suivre des études supérieures pour le devenir. Chacun peut utiliser tout ou partie de son temps pour rassembler, expérimenter, explorer un domaine d'intérêt particulier. À chacun son « sujet ». Mais chercher est beaucoup plus qu'un hobby. C'est une implication intellectuelle et physique permanente sur un sujet choisi... ou qui nous a choisi. C'est le plus souvent l'effacement d'une ambition financière ou d'une certaine notoriété au profit d'un investissement sans limite, qui procure des joies d'une rare intensité.

Je connais Michel Bornens depuis toujours. Mes parents et lui habitaient le même quartier. Mais les rencontres pendant mon enfance et mon adolescence furent très peu nombreuses, pour ainsi dire inexistantes. Ce n'est qu'au cours de ma quatrième année d'études universitaires – une maîtrise de biologie à l'université Paris 6 (l'équivalent actuel d'une première année de master) - que, pour trouver un lieu et un sujet de stage de recherche de cinquième année, mon père me conseilla de contacter Michel. Je suis allé le rencontrer dans son laboratoire de l'époque, au Centre de génétique moléculaire du CNRS, à Gif-sur-Yvette. Le bureau de Michel était petit et il utilisait un tableau blanc à feutres pour illustrer ses propos. Même avec les dessins, je ne comprenais pas tout ! À l'issue de l'échange, une suite n'était de toute façon pas envisageable, parce que j'avais été devancé dans ma démarche par une camarade biologiste qui, elle aussi, était en recherche de stage. Je repartais passablement dépité, mais avec deux autres bonnes pistes : Nogent-sur-Marne, dans le laboratoire de

Nicole Le Douarin ; et l'Institut Jacques-Monod à Paris (IJM, Jussieu), dans le laboratoire de Jean Cartaud. Les sujets étaient fort différents : comment comparer les chimères caille-poulet (Nogent) et l'étude des récepteurs membranaires à l'acétylcholine (IJM)? Les deux rendez-vous se passèrent bien et, à ma grande surprise, je pouvais, si je le souhaitais, effectuer mes six mois de stage de DEA (diplôme d'études approfondies, aujourd'hui deuxième année de master) dans l'un ou l'autre des laboratoires. Ce qui était – et reste probablement – un vrai casse-tête pour les chercheurs et enseignants-chercheurs : attendre la réponse définitive et l'engagement de l'étudiant, sachant que ce dernier commence par répondre positivement à toutes les propositions pour n'en garder qu'une au dernier moment (laissant les autres laboratoires dans l'embarras). Toujours est-il que Michel me rappela en septembre pour me dire que l'étudiante s'était désistée (merci Christine !) et que j'étais le bienvenu dans son laboratoire pour y effectuer un stage de recherche sur « la duplication du centrosome ». J'acceptais immédiatement. Michel me représenta plus en détail l'objet de mon stage, me conseilla la lecture de quelques premiers articles scientifiques sur le sujet et m'affecta un bureau en plein laboratoire, suivant les principes alors en vigueur. On veillera plus tard à séparer les paillasses, où en général le bruit rivalise avec les odeurs, d'avec les bureaux, plus propices à la lecture, à la réflexion et à l'écriture. Le stage de DEA et les examens écrits se déroulèrent sans accroc, si bien que je fus classé 6e sur 15 et que j'obtins une bourse de doctorat du ministère de la Recherche pour effectuer une thèse sur... la duplication du centrosome ! La thèse dura quatre ans et je restais encore deux années supplémentaires dans le laboratoire de Michel, avec un poste universitaire d'ATER (attaché temporaire d'enseignement et de recherche) de l'université Paris 7.

J'ai donc passé sept ans aux côtés de Michel et je lui dois tout ou presque. Ainsi qu'aux autres membres du laboratoire, qu'il serait injuste de ne pas mentionner, en particulier Claude Celati pour son expertise, sa patience et sa bienveillance. Oserais-je dire que, bien qu'ayant effectué quelques stages et travaux pratiques en biologie, je savais à peine tenir une pipette ? Je me souviendrai toujours de ma première « manip », une simple dilution. Je devais préparer une solution concentrée à partir d'une poudre et d'une solution : il s'agissait du nocodazole que nous utilisions alors pour dépolymériser les microtubules des cellules avant de lancer la fameuse « prep' de centrosomes ». J'ai utilisé tout le flacon et « aliquoté » tant de tubes « Ependorf » que nous avions assez de solution pour des années d'utilisation !

*Michel parvenait sans peine à suivre plusieurs sujets de recherche portés par les étudiants, les chercheurs et les techniciens de son laboratoire. Il était souvent présent et discutait régulièrement avec chacun d'entre nous, en tête-à-tête ou à l'occasion des réunions de laboratoire. Dès la première année, il m'a envoyé à l'EMBL (*European Molecular Biology Laboratory*) à Boxberg en Allemagne, chez Eric Karsenti qui était à l'époque «* group leader *» dans le département de biologie cellulaire. L'EMBL était et reste le temple européen de la recherche en biologie, capable de rivaliser avec les meilleurs laboratoires de recherche du globe, avec de nombreuses nationalités des chercheurs, souvent jeunes, répartis dans les laboratoires et des échanges horizontaux et verticaux, tant pour parler de science que pour partager des produits, matériels et expérimentations. Une nouvelle fois sidéré (il fallait parler anglais et j'étais bien loin de comprendre ce qu'il s'y* *disait, encore moins de m'exprimer clairement), ces séjours, à la fois riches et difficiles, me permirent de réaliser des expériences et même de ramener un « modèle expérimental » (œufs et extraits d'œufs de Xénope) dans le laboratoire de Michel, à Gif.*

En septembre 1988 eut lieu un colloque international exceptionnel (nous y reviendrons dans les pages de ce livre) sur le cycle cellulaire, dans le petit village de Roscoff en Bretagne. Michel et plusieurs collègues y étaient inscrits, mais pour moi, petit nouveau, c'était « un peu tôt ». En lisant l'affiche du colloque, et bien qu'effectivement novice, je pressentais néanmoins qu'il s'agissait d'un grand moment pour la recherche sur le cycle cellulaire, réunion capitale des « frères ennemis » : les biochimistes et leurs modèles animaux étranges (Xénope, oursin, étoile de mer, etc.) ; et les généticiens aux modèles non moins surprenants (levure, drosophile, etc.). L'enjeu ? Les molécules qui contrôlent la progression du cycle, qui permettent le passage d'une phase à l'autre, en particulier l'entrée en mitose. Décontenancé mais têtu, je décidais au dernier moment de sauter dans ma voiture la veille du colloque, un dimanche en fin d'après-midi (les « invités » étaient déjà tous sur place), et de rouler jusqu'à Roscoff. Au petit matin, je croisais Michel devant une boulangerie. D'autres m'auraient légitimement engueulé, mais Michel, d'abord surpris, me proposa simplement de partager sa chambre (tous les hôtels étaient évidemment complets), et de ne pas me laisser camper sur la plage comme je l'avais prévu. Et je ne fus pas déçu du voyage : ne comprenant que partiellement les interventions des chercheurs anglais, des Français (plus faciles) et autres Américains (ouille !), j'ai pu mesurer l'importance de ce qui se passait pendant ces quatre jours du point de vue scientifique. J'ai aussi assisté à une bataille de petits pois (!) entre chercheurs éminents, dont l'inénarrable Paul Nurse, futur prix Nobel de Physiologie ou Médecine en 2001. Le plus souvent, les chercheurs sont capables de travailler intensément et aussi parfois de s'amuser vraiment. Michel faisait partie de ceux-là : extrêmement sérieux et cultivé, rigoureux, il pouvait énoncer ou apprécier une bonne blague, trouver les moyens de profiter de l'environnement et, dans le bon sens du terme, de son entourage. Par exemple, deux ans plus tard, nous étions à un autre colloque international sur l'ensemble des recherches en biologie cellulaire, à Florence, et nous avons aussi eu la possibilité de visiter Sienne et San Gimignano. Magnifiques souvenirs.

Mon travail de thèse s'est effectué sans problème, il a donné lieu à quatre publications scientifiques dans des revues « cotées ». Et ce fut ce dossier qui me permit d'être recruté à l'université comme enseignant-chercheur. Cette période a été essentielle pour moi, tant d'un point de vue intellectuel qu'expérimental. Nommé à l'université Paris 7, j'ai appliqué bon nombre de « recettes » apprises pendant mes sept années passées à Gif. J'avais candidaté cette même année à différents endroits, incluant le CNRS, l'INSERM, l'INRA et trois universités à Paris et à Grenoble. Classé « premier sous la barre » au CNRS (7e pour six postes de chargé de recherche), je ne sais pas si Michel ne fut pas plus déçu que moi. Pour lui, j'étais « perdu » pour la recherche. Un peu vexé, j'ai néanmoins passé quelques années à tenter de lui prouver que l'on pouvait être enseignant et chercheur. Et puis, après quelques déboires et déceptions en 2007, je « lâchais » l'affaire...

Même si je n'ai plus d'activité expérimentale en biologie depuis une douzaine d'années, je n'éprouve aucun regret, je suis ravi de m'être investi pendant une vingtaine d'années dans le domaine de la biologie. J'ai trouvé au sein de mon université une activité d'enseignement et de recherche très différente, qui comble bien plus largement que la biologie expérimentale mon goût prononcé pour l'éclectisme. J'enseigne pour les étudiants de première et deuxième années d'un master qui a changé plusieurs fois de nom en dix ans, qui forme des futurs journalistes, communicants et médiateurs scientifiques, dont notre société a bien besoin par ailleurs. Je sais très bien que mes activités universitaires d'aujourd'hui doivent beaucoup à ce que j'ai appris pendant et après ma thèse de doctorat. Michel fut « tout simplement » un maître, et je souhaite à chacune et à chacun de bénéficier d'une relation aussi riche et aussi dense. J'ai continué à m'intéresser d'assez près aux productions scientifiques de son laboratoire, en particulier pendant les premières années, lorsque je montais une équipe de recherche universitaire sur la différenciation des cellules épithéliales respiratoires (comment des cellules « banales » acquièrent une forme et des fonctions spécialisées, qui permettent de faire fonctionner l'intérieur de notre appareil respiratoire supérieur). Au cours de cette période, Michel et son équipe avaient déménagé à l'Institut Curie, à Paris, le nouveau bâtiment de la rue Lhomond consacré à la biologie cellulaire. Michel a manifestement trouvé un lieu et un environnement appropriés pour poursuivre de façon magistrale ses recherches.

Il reste un modèle pour moi, et son parcours s'avère particulièrement intéressant, instructif et stimulant pour les chercheurs, les jeunes en particulier. C'est cette trajectoire exemplaire qui est détaillée dans cet ouvrage, mais également ses points de vue argumentés sur la politique de la recherche. Michel a commencé son parcours dans les années 60, et il continue aujourd'hui à s'intéresser très activement à des questions biologiques essentielles, notamment liées à l'Évolution. Je doute que des chercheurs de ma génération – ou des suivantes – puissent avoir un parcours aussi linéaire, aussi dense dans sa quête scientifique, aussi constant, reconnu et valorisé. C'est l'ensemble de ces arguments qui, de mon point de vue, rendent précieux son témoignage et ce qui m'a poussé à réaliser ces longues heures d'entretiens.

En 2016, je lui proposais une série d'interviews qui devaient porter sur l'homme, le chercheur, la recherche et la politique de la recherche. Sur l'homme, nous en saurons peu, car il est très pudique. Pour le reste, il se révéla plus prolixe. Nous fixâmes un premier rendez-vous et je fus surpris de la facilité avec laquelle Michel racontait, répondait aux questions et les devançait souvent. Je n'ai pas été surpris en revanche par la précision des événements et des arguments, habitué à sa rigueur et à sa mémoire phénoménale. Il fallut cinq séances totalisant près de quatorze heures d'enregistrement pour avoir l'impression, à tort sans doute, d'avoir fait le tour du « sujet ». La première version correspondait à une transcription brute et il a fallu entièrement réécrire le texte, puis éliminer les redondances, restructurer le plan, etc. À travers les souvenirs de Michel, c'est une grande partie de l'histoire de la recherche de ces cinquante dernières années qui se déploie. Avec un parti-pris et un point de vue personnel, certes, mais toujours avec une grande honnêteté. Et puis, l'ensemble est truffé d'anecdotes savoureuses où interviennent aussi bien des grands noms de la recherche, comme François Jacob cité à plusieurs reprises, que des personnalités politiques ou industrielles. Et puis, s'il est bien certain que vous en saurez plus sur le centrosome au terme de cette lecture, vous découvrirez aussi les amours des pleurodèles et autres questions biologiques fascinantes... J'espère que vous en retirerez autant de plaisir que j'en eus à sa réalisation.

1. Parcours d'études et de recherches

1.1. Premières armes

- Tu peux dire d'où tu viens, et d'où vient ton intérêt pour la biologie ?

- J'ai grandi dans le 15e arrondissement de Paris. J'avais commencé l'école en Haute-Savoie, pendant trois mois à la fin de la guerre. J'ai toujours eu un intérêt très fort pour ce qui est vivant, pour la nature. Je faisais des collections d'insectes, des herbiers, je ramassais des bestioles dans les mares, des larves de libellule ou, pendant la récolte de pommes de terre, des chrysalides de Sphinx « tête de mort », que je ramenais à la maison pour les faire éclore. J'avais fait venir un scorpion d'Algérie, et ça m'avait valu d'avoir à le tuer sitôt que mon père découvrit la cage où je le cachais ! Moins dangereux, j'avais obtenu d'un gardien du vivarium du jardin des Plantes, un couple de phasmes d'Afrique, insectes pacifiques que je nourrissais avec des feuilles de lierre. Un jour, je vis, au fond de la cage, un grand nombre de ce qui ne pouvait être que des œufs, petits ovoïdes d'environ deux millimètres, avec un opercule d'une autre couleur. Mais pendant des semaines, rien ne se passait bien que la cage fut posée sur un radiateur. J'étais convaincu que ces œufs n'étaient pas fécondés et qu'ils n'écloraient jamais. Mais un matin, je vis plein de petits phasmes, avec encore l'œuf au bout de la queue, se dandiner sur leurs six pattes. Ils grossirent rapidement et bientôt la cage fut pleine de ces insectes dévorant silencieusement, par la tranche, les feuilles de lierre que je leur fournissais ; jusqu'au jour où la cage s'est ouverte et les phasmes se sont retrouvés accrochés aux rideaux. Et là, c'est ma mère qui m'a demandé gentiment de débarrasser l'appartement de ces brindilles sur pattes.

J'ai fait mes études élémentaires au lycée Buffon, j'habitais à l'angle de la rue de Vaugirard et d'une rue transversale entre les stations de métro Vaugirard et Convention. J'allais au lycée Buffon deux fois par jour, une fois le matin, une fois l'après-midi, seul ou accompagné de camarades : on connaissait toutes les boutiques par cœur. J'ai été à Buffon de la 7e (CM2) à la Math-Élém (terminale), puis je suis parti au lycée Saint-Louis pour préparer le concours de l'Agro. J'ai fait ça parce qu'en 3e, j'avais un professeur de Sciences Naturelles que j'adorais. Il s'appelait Marcel Piponnier et avait écrit un livre super joli : *Le petit peuple des ruisseaux*. Il connaissait tout. On avait à l'époque une option sciences naturelles en section C (C prime) et toutes les semaines - ou presque - on avait un après-midi avec lui. Il nous emmenait à l'étang de Triveaux, en forêt à Clamart, ramasser des tas de choses. Il savait où trouver des mousses extrêmement rares, poussant sur un mètre carré, comme des sphaignes ; il savait tout. On s'entendait bien.

- C'était en quelle classe ?

- En troisième, seconde et première. J'ai eu Marcel Piponnier pendant deux ans, puis Léon Hirth, qui après a travaillé je crois à l'Institut Pasteur, juste à côté du lycée. Je faisais des rapports illustrés de toutes ces sorties, et un jour Marcel Piponnier, qui appréciait m'avait-il dit le côté personnel de mes rapports, me dit : « Vous, vous ferez l'Agro quand vous serez plus grand et ensuite vous ferez les Eaux et Forêts ». Par conséquent, je ne me suis jamais posé de questions, c'était comme ça. Mon père m'a inscrit en classe préparatoire au lycée Saint-Louis, à Paris, dès qu'il a su mes résultats au baccalauréat. Et là, j'ai préparé l'Agro pendant deux ans et je suis entré à l'Agro, rue Claude-Bernard, avec l'idée de faire les Eaux et Forêts en spécialisation. J'ai eu le choc classique : on travaille comme des brutes en classe préparatoire, et quand on rentre à l'École, on ne fait plus grand-chose. Je trouvais que l'enseignement était d'un niveau médiocre par rapport à la classe préparatoire.

Et puis aussi, c'est après avoir intégré que l'on commence à respirer, à aller au cinéma (les ciné-clubs étaient très suivis à l'époque), à faire des tas de choses qu'on n'avait pas eu le temps de faire. Au bout de quelques mois, je me rends compte que les Eaux et Forêts, c'est une administration qui me parait assez poussiéreuse, pas très attirante. Pendant les deux ans à l'École, je n'ai pas fait grand-chose. Je suis rentré bien classé, mais j'étais moins bien classé en sortant ! Là, je me suis dit qu'il fallait quand même faire quelque chose de sérieux ; j'ai fait la section physique-chimie, section qui préparait à des carrières chez Rhône-Poulenc, aux Potasses d'Alsace, ou dans d'autres compagnies. Alors là, j'ai travaillé dur pour récupérer mes deux années de « détente ». Mais c'était une belle époque malgré tout ! Et puis on partait à l'armée à l'époque. Sitôt l'Agro terminée, on s'est retrouvés, au mois d'octobre 1961, toute une bande dans le train, en partance pour les EOR du Génie, à Angers. Les « Agros » et les « Travaux Publics » étaient en général versés dans le Génie. On apprenait à faire des ponts et à les faire sauter. La guerre d'Algérie n'était pas finie. On partait en se disant qu'on serait « sous les drapeaux » jusqu'en mars 1963. C'était vingt-six mois à l'époque ! Je me suis donc retrouvé six mois à Angers. Puis, pendant les « manœuvres » finales, à la Courtine dans la Creuse, nous avons appris que la guerre d'Algérie se terminait enfin ! Le cessez-le-feu venait d'être signé en avril 1962. On était le premier contingent à être ramené à dix-huit mois. Nous ferions huit mois d'armée en moins. Certains ont bu en une nuit ce qu'ils auraient bu pendant les huit mois, ça a été assez épique ! Je suis sorti sous-lieutenant, ce qui m'a valu mon premier salaire. Ce qui était bienvenu, je n'avais pas beaucoup de sous. Notre contingent est resté en France, et je me suis retrouvé chef de section à Versailles dans le cinquième régiment du Génie. La section comptait quatre-vingt gaillards du rang, dont une vingtaine d'Algériens. Cela a été une expérience humaine très riche. Quand je suis rentré dans mes foyers, je me suis dit :

« Qu'est-ce que je vais faire ? ». J'ai passé six mois très difficiles parce que j'ai eu une panique, celle d'arrêter d'apprendre. J'adorais apprendre et je lisais aussi bien en science que dans d'autres domaines. Je lisais beaucoup de philosophie, par exemple. Et l'idée de travailler pour les potasses d'Alsace ou Rhône-Poulenc pendant toute ma vie, même bien payé, m'angoissait. Voilà. J'errais un peu…

- Tu avais environ 25 ans ?

- Oui. Je suis sorti de l'Agro dans ma vingt-troisième année. Je suis allé voir les uns, les autres. Je voulais faire de la neurobiologie mais je n'y connaissais rien du tout. Cela allait avec mes lectures variées. Alors je suis allé voir des pontes de cette discipline. Mais je n'avais rien à proposer, rien à dire, et souvent les entretiens tournaient court, cela n'allait pas loin. Un jour, et c'est la seule fois de ma vie où c'est arrivé, je prends l'annuaire des anciens élèves de l'Agro et je cherche ce que faisaient les personnes qui avaient fait la section physique-chimie. Je vois un ancien qui travaillait dans le « Centre de recherche sur la cellule normale et cancéreuse » du CNRS. Cet intitulé était exactement ce dont je rêvais, et je vais le voir. Ce centre, dirigé par Éliane Lebreton, était à Villejuif, près de l'hôpital Gustave-Roussy à l'époque. Il a été fusionné avec l'IRSC (Institut de recherche scientifique sur le cancer) en 1968. Je rencontre ce collègue, Philippe Lemarchal, très sympathique, et je lui demande si, par notre parcours, on est préparés à ce genre de métier. « Beaucoup mieux que ceux qui sortent d'autres formations, d'ailleurs la directrice adore les élèves qui sortent de l'Agro ». Nous sommes allés la voir, et elle nous a reçus très gentiment. « Puisque vous sortez de l'Agro, vous avez droit à un poste d'ingénieur ». À l'époque, pour rentrer dans la recherche, il était nécessaire de démarrer par une période stagiaire où on était très peu payé et puis ensuite on entrait comme attaché de recherche, souvent avant la soutenance d'une thèse. Si on avait de la chance, on faisait donc sa thèse en étant payé comme attaché de recherche. C'était une autre époque ! Si on rentrait comme ingénieur, on avait un meilleur salaire, une prime de recherche bisannuelle nettement plus importante. Elle me dit : « Si vous voulez, j'ai un poste en septembre ». « Pourrais-je faire de la recherche librement ? ». « Absolument ! ». On était en juillet. Á l'époque, au CNRS, quelques patrons influents se répartissaient tous les postes de chercheurs et de techniciens qui étaient créés dans la commission de rattachement de leurs laboratoires. Beaucoup plus de postes qu'aujourd'hui étaient créés chaque année. Elle savait donc à l'avance qu'elle aurait un poste. Voilà comment je suis rentré dans la recherche en septembre 1963.

- Tu es stagiaire ou attaché ?

- Je ne suis rien de tout ça. Je suis ingénieur 2A. J'ai un salaire supérieur, j'ai une bonne prime de recherche tous les six mois et je fais de la recherche avec Philippe Lemarchal, qui était tout content d'avoir un collaborateur comme moi. C'était un laboratoire très orienté nutrition, et à l'époque, c'était une discipline très poussée. On étudiait la chimie des lipides et le métabolisme. Philippe Lemarchal était un spécialiste de la chromatographie gaz-liquide, et il m'a tout appris de cette technique grâce à laquelle on séparait les acides gras magnifiquement. Avec lui, j'ai commencé à apprendre ce qu'était un foie de rat. On travaillait sur des rats Wistar. Je crois qu'une de mes premières publications avec Philippe Lemarchal consistait à faire manger à des rats de l'acide élaïdique, constituant important de la margarine. C'est un isomère de l'acide oléïque dont la double liaison chimique est *trans* et qui, normalement, n'est pas métabolisé ; les enzymes métabolisent les molécules *cis* mais pas les *trans*. Mais si on ne nourrit les rats qu'avec cette forme *trans*, progressivement ils deviennent capables de le métaboliser, et de faire un acide gras de type linoléique, à deux doubles liaisons, mais l'une est *cis* et l'autre conserve la conformation *trans* de l'acide élaïdique.

Pourtant, ce qui m'intéressait, c'était la cellule elle-même, plus que la nutrition. À l'époque, un autre chercheur dans l'Institut, Charles Frayssinet, travaillait sur le nucléole, les acides ribonucléiques (ARN), et il s'intéressait aux effets sur le nucléole et sur le métabolisme des ARN, de toxines, les aflatoxines, produites par des champignons que l'on trouvait dans les tourteaux d'arachides. Les aflatoxines provoquaient, de manière très reproductible, des hépatomes chez les animaux. Unilever, qui était le premier fournisseur pour le marché de l'alimentation du bétail, avait eu un jour la surprise, en Angleterre, de constater que les dindons destinés aux fêtes de Noël étaient tous morts avec des hépatomes. On s'est vite rendu compte que cela venait des tourteaux d'arachides d'Unilever ingérés par ces malheureux dindons. Cette société finança beaucoup de recherche, jusqu'au jour où il est apparu qu'il suffisait de faire sécher les arachides à l'abri de l'humidité, dans des courants d'air, pour que les Aspergillus flavus, des champignons responsables de la production des toxines, ne se développent pas. Charles Frayssinet et moi discutions parfois. Il me parlait des noyaux cellulaires qu'il isolait et des nucléoles. M'intéressant à ces organites que je connaissais peu, j'ai commencé à analyser les lipides des noyaux de cellules de foie de rat, donc surtout ceux de l'enveloppe nucléaire. J'ai mis au point une méthode d'isolement des membranes nucléaires[1]. C'était une méthode rustique. Dans le laboratoire, deux chercheurs, Yvonne Moulé et Jean Chauveau, isolaient des noyaux de foie de rat, mais les résultats n'étaient pas constants. Ils se sont aperçus plus tard, lorsque Günter Blobel et Van Potter ont mis au point la

[1] Bornens, M. Méthode d'isolement de la membrane nucléaire de foie de rat. C.R. Acad. Sci., 266, 596-599 (1968).

méthode définitive de préparation des noyaux, que les flacons de sucrose qu'ils recevaient, nécessaires au protocole d'isolement des noyaux, avaient des taux variables de cations divalents. De plus, les solutions n'étaient même pas tamponnées, ce qui rajoutait à la grande variabilité des résultats ! Puis, je me suis amusé à isoler des noyaux avec une autre méthode, ancienne : l'acide citrique dilué, à pH3, donnait des noyaux très purs, qui étaient en fait des billes de chromatine précipitée. Lorsqu'on les examinait de près, en microscopie électronique, on avait l'impression que la membrane nucléaire avait été rabotée par l'acide citrique. Concernant la microscopie électronique, c'était la seule contrainte que m'avait imposée la directrice : je devais participer à la mise en place d'un microscope électronique dans le Centre ; en échange, je bénéficiais des services de deux excellentes techniciennes pour mon propre travail. Elles fixaient mes échantillons, les contrastaient, les incluaient dans la résine et faisaient les coupes fines nécessaires pour l'observation dans un faisceau d'électrons. Je n'avais plus qu'à regarder, ce que je faisais avec beaucoup d'intérêt. C'est ainsi que je me suis familiarisé rapidement avec l'ultrastructure cellulaire. La directrice m'avait même envoyé à Berlin-Ouest chez Siemens pour apprendre directement auprès du fabricant. J'y ai passé une semaine très riche.

1.2. La recherche et le conflit de mai 68

- Tu as été très vite impliqué syndicalement et politiquement ?

- Je n'étais pas très engagé à l'époque, à part dans un conflit avec l'administrateur du groupe de laboratoires de Villejuif. On était en 1967, et je me suis impliqué par solidarité. Le groupe des laboratoires CNRS du site était administrativement dirigé par un certain Jacques Crozemarie, célèbre escroc, ce qui devint de notoriété publique beaucoup plus tard, en tant que président de l'Association pour la recherche contre le cancer (ARC). À l'époque, c'était le patron local pour le CNRS, il était au-dessus des deux directeurs d'Instituts du CNRS. Il y avait une animalerie à Villejuif, la singerie, qui coûtait les yeux de la tête. Il était interdit de rentrer dans cette singerie, c'était très protégé. Un jour, au cours de ma thèse, une émotion importante se propage dans les deux instituts : des techniciennes venaient d'apprendre qu'elles seraient commises d'office le week-end pour assurer une permanence à la singerie, et qu'elles auraient à donner le biberon aux petits singes. C'était complétement idiot. Il était interdit d'y rentrer pendant la semaine, et le week-end on allait y envoyer des personnes travaillant dans les laboratoires, qui seraient de plus autorisées, si nécessaire, à venir avec leurs enfants. Certaines techniciennes avaient mis comme condition à leur embauche qu'elles n'aient pas à toucher d'animaux à fourrure. L'émotion était telle que je m'en suis mêlé : avec d'autres, j'ai été parler en leur nom à l'administrateur Jacques Crozemarie. Une bagarre très violente a eu lieu, au point qu'il m'a menacé de me « virer du CNRS » (*sic*). Quelques mois après, la fièvre hémorragique de Marburg, dans une singerie en Allemagne, due à un virus proche du virus Ebola, défrayait la chronique. Il y a eu je ne sais combien de morts parmi les animaliers. Avec Crozemarie, nous nous croisions alors sans nous saluer depuis le conflit qu'il avait perdu. Un jour, il est venu vers moi et m'a dit : « Vous aviez raison de ne pas vouloir que les techniciennes viennent dans la singerie le week-end : à Marburg, il y a eu des morts ». Il avait fallu la fièvre mortelle de Marburg pour qu'il comprenne enfin ! C'est de cette façon particulière que j'ai commencé à m'intéresser à la chose collective et puis par tempérament, grâce à mon itinéraire culturel et familial : nous n'hésitions pas à l'ouvrir lorsqu'on avait quelque chose à dire ! Une autre bagarre avec ce personnage eut lieu : la prime normale bisannuelle était alors dégressive ! Elle était de 16 % pour les ingénieurs, 12 % pour les techniciens supérieurs, 8 % pour les techniciens, et rien pour les autres. À l'époque, la direction avait de plus le droit, sans le faire savoir, de donner jusqu'à trois fois le montant de la prime normale à une personne, à condition de prendre sur le volant de primes des autres ! Ainsi, Jacques Crozemarie pouvait, sans rendre de compte à personne, donner une prime augmentée à qui il voulait…

- Un sacré clientélisme !

- Il avait en effet des gens à sa botte et faisait ce qu'il voulait. Le conflit sur ce sujet dura plusieurs mois, et je me souviens d'une de ses réponses: « Ces gens-là ne vont ni au restaurant ni au cinéma ». Et Mai 1968 est arrivé. Je me souviens que tous les matins, je mettais encore une cravate pour aller travailler et c'est en Mai 68 que je l'ai enlevée définitivement. Le CNRS était occupé, le nouveau directeur était arrivé, il s'appelait André Lwoff. Le groupe de laboratoires du CNRS devenait un seul institut, son directeur devenait l'autorité la plus importante pour le CNRS, avant l'administrateur. Le nouveau directeur arrivait de plus auréolé de sa gloire scientifique, prix Nobel de physiologie et de médecine en 1965, avec François Jacob et Jacques Monod. C'était un grand bonhomme et on s'entendait bien. On se retrouvait à la cantine, on discutait et c'était très agréable. Souvent de science. Je me souviens d'une discussion sur les mitochondries dont on venait de montrer de façon convaincante qu'elles étaient des bactéries symbiotiques. Il a aussi fallu qu'il se fasse adopter, parce qu'il venait de l'Institut Pasteur, et pour lui aussi, j'imagine, c'était un grand changement. Au début du mouvement, il y avait de grandes assemblées au CNRS, nous étions nombreux à nous rendre quai Anatole-France, c'était vraiment l'ambiance Mai 68 qui démarrait. Une fois, André Lwoff est venu aussi, il est allé se mettre à la place du président de séance et a pris la parole comme ça, l'air de rien, critiquant l'assemblée par une parabole, en la comparant à une société animale. Tout le monde disait : « Mais qui est ce type qui vient nous embêter ? ». C'était André Lwoff, qui disait courageusement ce qu'il pensait. Nous avons été assez pris par Mai 68 !

- Quel est ton statut à ce moment-là ?

- André Lwoff m'avait dit un jour : « Vous devez passer dans le cadre chercheur », et donc je suis passé attaché de recherche au dernier échelon. Auparavant, il m'avait dit un jour, après Mai 68 : « Il serait temps que vous alliez prendre l'air un peu loin, il faut aller aux États-Unis ». À vrai dire, je n'y avais jamais pensé. À l'époque, on avait un parrain au CNRS quand on était jeune chercheur ; mon parrain était Wilhelm Bernhard qui était un grand microscopiste électronicien suisse allemand, spécialiste du noyau, morphologiste et structuraliste[2], et qui dirigeait un gros laboratoire dans l'institut. André Lwoff me dit : « On se retrouve chez Wilhelm Bernhard la semaine prochaine tel jour telle heure et on décide où l'on vous envoie aux USA ». Nous nous retrouvons donc dans le bureau de Wilhelm Bernhard et on discute. « Celui-là fait quoi ? Depuis combien de temps ? Vingt ans ? Trop long ». Il estimait qu'il fallait changer de sujet assez souvent. Lui-même était passé à l'étude des virus après avoir travaillé sur le métabolisme, et sur les ciliés. Puis à un moment, Wilhelm Bernhard dit : « Il y a un très bel Institut de recherche, le *McArdle Laboratory for Cancer Research*, à Madison, dans le Wisconsin, dirigé par un type très bien, Harold Rusch. Un autre grand chercheur, Van Potter, travaille sur le foie et sur l'isolement des noyaux, il a aussi travaillé avec un brillant post-doc allemand, Günter Blobel ». Il écrit pour moi, avec la contre-signature d'André Lwoff. Huit jours plus tard, nous recevons une réponse de Harold Rusch : « Très heureux d'accueillir ce jeune chercheur, mais nous avons aussi une jeune équipe qui démarre sur l'enveloppe nucléaire : est-ce qu'il serait d'accord pour

[2] Voir : http://wbworkshops.com/wb.html

rejoindre cette équipe plutôt que d'aller chez Van Potter ? ». Je ne connaissais absolument pas le responsable de l'équipe, Charles Kasper, mais j'ai dit oui. Nous sommes partis en famille en octobre 1969 à Madison. Comme j'étais nul en anglais, j'avais pris des cours intensifs, mais avec des Anglais. Quand je suis arrivé là-bas, en plein Middle West, je ne comprenais rien, c'était très dur à ce moment-là, mais au bout de deux mois tout s'est dénoué. Ma femme Marie-Berthe était beaucoup plus à l'aise, elle parlait anglais facilement. Nous étions logés magnifiquement dans des maisons universitaires où il y avait cinquante nationalités différentes, c'était merveilleux. Nous avions des maisons avec de la verdure commune très importante. On vous donnait d'emblée des tickets de babysitting, on s'échangeait les tickets, il y avait une banque de babysitting. C'était un endroit superbe, et comme c'était juste après Mai 68, il y avait une ambiance très agréable. Souvenir de deux années merveilleuses, du point de vue scientifique aussi bien qu'humain. C'était un campus très dynamique et politiquement très actif, comme Berkeley, en pleine guerre du Vietnam. Quand nous sommes arrivés là-bas, nous avons été accueillis pendant deux ou trois jours par un vieux couple de mathématiciens d'origine européenne, puis je suis allé voir mon laboratoire : c'est là que Charles Kasper m'expliqua ce qu'il voulait que je fasse. Je ne comprenais qu'un mot sur trois. Il m'a proposé plusieurs sujets sur l'enveloppe nucléaire. Il les purifiait par une nouvelle méthode qui n'était pas encore publiée. La standardisation des pratiques fut pour moi une surprise à laquelle je me suis rapidement habitué : il y avait par exemple un technicien qui purifiait des membranes nucléaires tous les jours à partir de quinze rats Sprague-Dawley qui arrivaient par la poste tous les matins, et qu'il guillotinait avant de leur prélever le foie pour en isoler les noyaux. Les membranes nucléaires une fois isolées étaient congelées. Les chercheurs n'avaient qu'à ouvrir le congélateur pour prendre des échantillons quand ils le voulaient ! Charles

Kasper m'a proposé de travailler soit sur la glycosylation des protéines, ce qui ne me disait rien du tout, soit de travailler sur les protéines de l'enveloppe nucléaire qu'on ne connaissait pas. J'ai préféré choisir ce deuxième sujet. À l'époque on ne savait pas séparer les protéines de membrane qui n'étaient pas solubles. On séparait par électrophorèse les protéines solubles du sérum, mais c'était tout ce que l'on savait faire. Et c'est à cette époque qu'est arrivé le SDS (sodium dodécyl sulfate) qui permettait de solubiliser les protéines de membrane insolubles et de les séparer en fonction de leur poids moléculaire. Je lisais énormément de physico-chimie à propos de ces micelles mixtes SDS/protéines. Petit à petit, j'ai purifié les protéines de l'enveloppe nucléaire, et j'ai essayé d'analyser ces protéines en les comparant aux protéines du réticulum endoplasmique.

- Tu comparais des profils protéiques?

- Oui, et on analysait le contenu en acides aminés. Et c'est là qu'on a commencé à voir des bandes spécifiquement enrichies dans l'enveloppe nucléaire ; on était les premiers à voir les lamines sans trop savoir ce que c'était. On voyait trois protéines très abondantes qui n'étaient pas dans le réticulum. J'ai publié deux articles et j'ai beaucoup appris en biochimie des protéines. Charles Kasper était un chimiste des protéines, il n'était pas réellement biologiste, mais il était très sérieux d'un point de vue technique. Sur le plan humain, ces deux ans aux USA ont été une période très riche ; je vois encore quasiment chaque année quelques amis de cette époque.

- Qui étaient aussi des chercheurs ?

- Ils étaient des chercheurs dans d'autres disciplines. J'ai revu un thésard de l'époque qui est venu récemment à Paris. Il m'a appelé et j'ai eu du mal à le reconnaître : il avait près de 40 ans de plus ! Nous avons passé une bonne soirée ensemble.

- Vous êtes restés combien de temps aux États-Unis ?

- Nous étions revenus en France deux ans après exactement. Je serais bien resté une année de plus, mais pas beaucoup plus. J'aimais beaucoup les États-Unis et la vie de jeune chercheur était agréable. C'était d'autant plus agréable qu'on n'appartenait pas à ce pays, on savait qu'on en partirait. Marie-Berthe et moi avons participé à beaucoup d'activités anti-guerre et elle a pris des risques sérieux. Je craignais parfois qu'on ait à rentrer d'urgence en France. Deux ans après, nous nous sommes donc retrouvés à Paris. Je me souviens, j'avais un peu changé de « look » parce que deux ans dans un campus extrêmement actif, extrêmement vivant, laisse des traces. C'était l'époque de Nixon, beaucoup de choses se déroulaient du point de vue politique.

- Et donc tu es revenu en France avec des cheveux longs et une barbe ?

- Oui. Je me souviens de la tête des personnes de ma famille ! J'ai rejoint mon labo d'origine, André Lwoff fit mine de ne pas me reconnaitre immédiatement. Puis, nous avons discuté. Je me souviens qu'il m'a dit, entre autres : « Il y a eu un peu de changement depuis votre départ ! On a foutu Crozemarie à la porte », en insistant sur le mot *foutu* qui n'appartenait pas à son langage habituellement très châtié. Puis, après un blanc, « il lisait mon courrier ! ». André Lwoff avait eu un conflit violent avec Crozemarie pendant que j'étais aux États-Unis. Il avait demandé au CNRS de le renvoyer parce que, entre autres, il décachetait le courrier qui lui était adressé. Le CNRS n'a pas voulu l'évincer immédiatement. C'était un homme qui avait des appuis au CNRS, notamment, disait-on, parce qu'il avait une connexion avec le syndicat Force Ouvrière (CGT-FO) auquel étaient affiliés, disait-on encore, bon nombre d'administrateurs. Je n'ai jamais vérifié, mais il devait y avoir du vrai dans cette histoire, car dans une des premières assemblées générales en Mai 68, il était venu, à la surprise générale, dire qu'il représentait ce syndicat sur le site et qu'il souhaitait être informé des initiatives et des décisions du personnel en lutte. Il a fallu qu'André Lwoff menace de démissionner, et de dire pourquoi dans un grand journal du soir, pour que Crozemarie soit écarté. Mais il est resté président de l'ARC à Villejuif. Il est resté dans les locaux, où il s'était fait faire un appartement. C'était une incarnation caricaturale, cynique, de l'adage inscrit au mur de la salle de garde des internes de l'hôpital Gustave-Roussy : « Il y a plus de gens qui vivent du cancer qu'il n'en meurt ». Il y aurait beaucoup à dire sur les raisons qui expliquent le pouvoir longtemps gardé sur la recherche cancérologique en France par ce personnage. Bref, je suis de retour à Villejuif et je commence à rencontrer beaucoup de personnes. Je n'étais pas très content de mon protocole de préparation de membranes nucléaires mis au point pendant ma thèse ; je trouvais la méthode un peu brutale. Celle de Charles Kasper était très différente, mais elle avait aussi des défauts : la haute force ionique ne solubilisait qu'en partie la chromatine. Je me suis dit : « Je vais en trouver une autre ! ». On commençait à voir la lamina qui était sous l'enveloppe nucléaire.

- Quand tu dis la voir, c'était de la microscopie électronique ?

- Oui. Elle avait été observée par cette technique dans plusieurs publications sans être décrite, mais on commençait à la regarder de près. Je me souviens de la publication qui décrivit la lamina pour la première fois, en faisant référence aux nombreuses publications, venant des meilleurs laboratoires, où elle était visible sans être mentionnée. En lisant, je m'aperçois qu'on pourrait entrer en compétition avec l'ADN pour la liaison des protéines et éventuellement déstabiliser complètement la chromatine avec des polyanions tels que sulfate de dextran ou héparine. En bricolant, je m'aperçois du rôle des cations divalents et du phosphate. Je trouve un tampon et des conditions qui, en quelques minutes, transforment une suspension épaisse de noyaux de foie en quelque chose qui ressemblait à de l'eau sauf que c'était visqueux. C'était complétement transparent, et je suivais ça par viscosimétrie parce que j'avais un collègue et ami, Bernard Revet, qui était parti en même temps que moi aux États-Unis, au Caltech, et qui avait travaillé sur l'ADN circulaire d'un virus marin ; il avait publié un très bel article dans *Nature* dans lequel il mesurait le super-enroulement de son ADN viral par viscosimétrie extrêmement contrôlée. Son appareil était contrôlé au millième ou au cinq millième de degré. La température est en effet très importante. L'homme qui avait fabriqué cet appareil dans l'atelier du Caltech avait fait l'école d'horlogerie de Besançon ! De retour à Villejuif, Bernard a passé des mois à essayer, en vain, de faire un viscosimètre aussi précis ! Ceux qu'il avait suffisaient largement pour l'usage que je voulais en faire. Sur ses conseils, j'ai suivi la solubilisation de l'ADN ; je mettais l'héparine et en quelques minutes, j'avais une magnifique solubilisation de l'ADN. Il ne restait en suspension que les enveloppes nucléaires que je sédimentais en centrifugeant à 40 000 g pendant quelques minutes. La première fois que j'ai regardé en microscopie électronique, je n'ai vu en effet que des enveloppes nucléaires entières et apparemment très pures, dans lesquelles on pouvait facilement distinguer la membrane externe de la membrane interne. Je me souviens qu'avec Bernard Revet, qui maitrisait l'ombrage métallique de molécules d'ADN, on avait pu observer dans le surnageant après sédimentation des enveloppes nucléaires, de longues molécules d'ADN, mais sous forme de colliers de perles régulièrement espacées, magnifiques ! À l'époque, on ne connaissait pas les nucléosomes. Le laboratoire de Pierre Chambon parlait cependant de « □ bodies ». Un collègue qui revenait d'un court séjour dans ce laboratoire m'avait confié que lorsqu'ils coupaient l'ADN par des nucléases, ils récupéraient des morceaux de taille standard, avec toujours le même nombre de paires de bases. Il y avait donc quelque chose de périodique.

Ces colliers de perles étaient très jolis, mais on ne savait pas ce que c'était. J'avais demandé son avis à un spécialiste parisien de la chromatine : « Peut-être des ARN polymérases… ». Cette opinion, à laquelle je ne croyais pas beaucoup, vu le grand nombre de perles et leur espacement régulier, a cependant suffi à me détourner du sujet « chromatine » déjà très encombré. Et puis, je commençais à me passionner pour le centrosome. En effet, en regardant plus attentivement les enveloppes nucléaires purifiées, je voyais aussi… des centrioles ! Je croyais au départ que c'étaient de simples contaminants, mais ils étaient toujours là, il y en avait beaucoup, et ils étaient apparemment accrochés aux membranes. Du coup, je lis un peu sur ces objets, je m'aperçois que le centrosome est connu depuis le tout début de la biologie cellulaire moderne, au 19e siècle, qu'il a été très important dans l'établissement de la théorie chromosomique de l'hérédité proposée par Théodor Boveri. Il provoquait expérimentalement des dispermies, sachant que les centrioles du zygote étaient apportés par le spermatozoïde. Cela conduisait à des mitoses multipolaires et à des blastomères au contenu varié en chromosomes, dont il étudia avec le plus grand soin la descendance[3]. Je m'aperçois donc que c'est un objet extrêmement important mais totalement négligé et comme ignoré. Tellement de choses étaient à faire. C'était l'époque où beaucoup commençaient à chercher l'équivalent de l'opéron bactérien chez les eucaryotes, et personne ne s'intéressait à cet objet. Je me souviens de collègues qui me posaient la question : « C'est dans le noyau ou dans le cytoplasme ce machin ? ». On était complétement ignorants.

---

[3] Concerning the origin of malignant tumours by Theodor Boveri. Translated and annotated by Henry Harris. J Cell Sci. 2008 Jan;121 Suppl 1:1-84. doi: 10.1242/jcs.025742.

- On m'a posé la même question beaucoup plus tard !

- Ah oui !? C'est à ce moment-là en tout cas que j'ai décidé de m'intéresser au centrosome. Son intérêt pour moi était qu'on le trouvait en un seul exemplaire par cellule et qu'il se reproduisait à chaque cycle.

- Nous sommes en quelle année ?

- En 1971. Pendant ce travail, des personnes que je connaissais par leur engagement collectif avaient probablement parlé de moi à leur responsable scientifique, Stratis Avraméas, à qui Jacques Monod, directeur de l'Institut Pasteur, venait de proposer de venir dans le nouveau département de Biologie moléculaire. Il m'appelle un jour et me dit : « Est-ce que vous voudriez venir avec nous à Pasteur, on a besoin de se renforcer ? ». Il m'explique des choses plutôt anecdotiques concernant leurs travaux, en particulier qu'ils travaillent sur des méthodes de dosages immuno-enzymatiques. Ce n'était pas le premier, mais c'était lui qui avait le plus développé la peroxydase de Raifort qui permet, si on la couple à un anticorps, de révéler un antigène spécifique. C'est de l'immuno-histochimie : une réaction d'oxydation permet une précipitation de la diaminobenzidine utilisée comme substrat de la peroxydase, résultant en un dépôt métallique opaque aux électrons. Le précipité était marron en microscopie optique et noir en microscopie électronique. Stratis me parlait avec passion de la capacité de dosage de cette technique, mesurée en nombre de molécules. C'était très méthodologique. J'ai donc vu assez vite que nous n'étions pas tout à fait sur la même longueur d'onde, mais je me suis dit qu'aller à l'Institut Pasteur à Paris était sans doute une bonne opportunité. J'étais aussi intéressé par l'idée de travailler sur des cellules isolées telles que des thymocytes. Il me proposait en effet de m'intéresser à la transformation de ces cellules quiescentes en blastes proliférant sous l'action d'une lectine se liant aux glycoprotéines de surface. Cela me paraissait une bonne occasion de m'éloigner du foie de rat, qui avait été mon seul modèle expérimental jusque-là. Voilà comment je me suis retrouvé à l'Institut Pasteur fin 1972, dans le nouveau bâtiment de biologie moléculaire qui était dirigé par François Jacob pour les deux premières années. Il y avait de nombreux grands chercheurs. C'était l'époque où tous les chercheurs venus de la bactérie et des batériophages passaient peu à peu à des modèles eucaryotes avec la volonté d'être aussi bons qu'ils l'avaient été avec les procaryotes.

- Sur la levure ? Ou bien ils passaient carrément sur des modèles animaux ?

- Sur des modèles animaux. Mais il y avait aussi un groupe qui travaillait sur l'amibe grégaire *Dictyostelium discoideum*. C'est l'époque où Sydney Brenner lançait *Caenorhabditis elegans* (*C. elegans*) comme modèle animal, car il avait un nombre de cellules très restreint, moins de mille cellules, se développant très vite. François Jacob a d'ailleurs travaillé pendant deux ans sur *C. elegans*. Après, il a prétendu qu'ils sentaient mauvais, et se nourrissaient de bactéries et il est passé à la souris comme modèle ! Quant à moi, très excité par le centrosome, je me suis mis à lire tout ce que je pouvais. Il était considéré simplement comme un appareil de division. Pourtant, la division correspondait à un court moment du cycle alors que pendant tout le reste du cycle, ce que l'on appelle l'interphase, il était là et devait faire quelque chose ! J'étais plus intéressé par la fonction du centrosome que par la division elle-même. J'avais été d'abord très frappé par deux types de résultats qui avaient été publiés à l'époque : en microcinématographie - à l'époque il n'y avait pas de vidéo-microscopie – les auteurs montraient que le centrosome dans des cellules sanguines résistait à des mouvements, que les noyaux semblaient se déformer sur les centrosomes. On pouvait voir les images fixes tirées des films, pas les films eux-mêmes. Les auteurs écrivaient que la cellule bougeait tout le temps, déjà c'était une surprise. J'avais, comme beaucoup d'autres à l'époque, l'idée de la cellule comme un sac à enzymes, dans lequel les substrats et les enzymes se retrouvaient par diffusion ! Or, on voyait dans ce travail que la région du centrosome déformait le noyau. Cette dynamique singulière du centrosome était très intrigante. Je me suis dit qu'il y avait beaucoup de physique dans la cellule qu'il faudrait un jour comprendre, qu'il n'y avait pas que de la biochimie. L'autre publication qui m'avait particulièrement intrigué à l'époque, c'est celle de James Maller publiée en 1976[4]. Il était à l'époque doctorant dans le laboratoire de John Gerhardt, en Californie. Il avait fractionné des spermatozoïdes par sonication en trois fractions : la tête, le « cou » et le flagelle. Et c'est uniquement en injectant les fractions purifiées « de cous » qu'il arrivait à déclencher le clivage d'ovocytes de Xénope non fécondés. Cette fraction contenait les deux centrioles du spermatozoïde. À l'époque on ne connaissait que très peu de choses sur les microtubules en interphase. C'était un squelette cellulaire très stable, pas du tout dynamique. Comment rendre compte de la dynamique singulière du centrosome ? J'ai alors imaginé tout un scénario où le centrosome était une sorte d'instrument de navigation ; j'ai même proposé que ce soit une sorte de muscle circulaire, un oscillateur gyroscopique. Gros délire, grosse excitation. Trois types de polymères étaient connus : les microfilaments d'actine, les filaments intermédiaires et les microtubules. J'ai imaginé une espèce d'arc réflexe où le centrosome avait une dynamique propre et des signaux moléculaires se déplaçaient le long des microtubules, modifiés par les mouvements de l'actine et puis, d'une manière ou d'une autre, un retour par les filaments intermédiaires.

---

[4] Maller J, Poccia D, Nishioka D, Kidd P, Gerhart J, Hartman H. Spindle formation and cleavage in Xenopus eggs injected with centriole-containing fractions from sperm. Exp Cell Res. 1976 May;99(2):285-94.

L'idée d'un arc reflexe intracellulaire me plaisait bien ! La question qui m'interpelait était : comment contrôler le mouvement d'un objet unique (la cellule), qui avait pourtant de nombreux régimes locaux très différents ? Un système central pouvait être une réponse. Un petit mouvement local dans le centrosome vis-à-vis duquel on comparerait en permanence ce qui se passe partout dans la cellule, donnerait une stabilité globale à la cellule. Ce qui m'intéressait, c'était de proposer la cellule comme un objet auto-centré, ayant ainsi une intégrité complète.

- Depuis la théorie cellulaire, la cellule est considérée comme l'unité du vivant.

- Oui, c'est une évidence admise par tous, la « vie » est dans la cellule. Mais on ne sait évidemment pas comment cette unité est obtenue. Si on le savait, ça se saurait ! Comme tu vois, je ne manquais pas d'ambition intellectuelle dans mes spéculations. Une autre proposition, carrément futuriste, rapportait que les centrioles contenaient du silicium. Je croyais encore à l'époque que tout ce qui était publié dans les revues scientifiques cotées comme *Science* ne pouvait qu'être vrai. Le fait que le vivant soit toujours bâti sur la chimie du carbone et jamais sur la chimie du silicium, très proche, est expliqué habituellement par l'insolubilité du silicium. J'ai donc imaginé que ce silicium centriolaire était sous forme d'un cristal piézo-électrique, qui, sollicité par le mouvement brownien, vibrait, apportant ainsi, d'une manière ou d'une autre, une base de temps de référence. J'avais vérifié auprès d'un physicien du CEA de Saclay, spécialiste d'électrodynamique quantique, que l'excitation par le mouvement brownien était possible. Mais lorsque, plus tard, nous avons essayé de trouver du silicium dans les centrosomes isolés, en utilisant la microscopie ionique à Curie-Orsay, avec Christian Colliex, nous n'en avons pas trouvé. Je n'ai jamais su si l'article de *Science* était dû à une contamination ou s'il était un résultat inventé par un amateur de science-fiction, l'auteur n'ayant jamais répondu à mes lettres. J'ai donc remisé cette belle histoire (« quelle revanche pour le silicium ! », m'avait dit un collègue) au musée des illusions. Pourtant, j'aimais bien l'idée d'une oscillation périodique qui serait issue du mouvement brownien ! Le centrosome, les centrioles, devenaient le sujet obsédant de nos conversations. En même temps, on découvrait le cytosquelette au cours de la blastogenèse du thymocyte de rat, le sujet du laboratoire de l'époque. Dans les années 1976-1977, Günter Albrecht-Buehler, qui travaillait tout près de Jim Watson, publie un article sur le centrosome dans *Scientific American*. Lui aussi avait une vision fonctionnelle du centrosome proche d'un instrument de navigation mais pourtant complétement différente : il faisait l'hypothèse que le centrosome puisse être un récepteur de signaux, un peu comme un œil[5]. Je l'ai invité à venir à l'Institut Pasteur et il a donné un séminaire. Il était très ému parce que, pour lui, parler à l'Institut Pasteur, c'était quelque chose ! Dans le laboratoire, tout le monde m'encourageait à publier. À Pasteur, il y avait dans l'équipe de Stratis Avrameas, des jeunes comme Éric Karsenti avec qui je travaillais sur le thymocyte de rat. On a fait beaucoup de science ensemble et nous sommes devenus très proches. Au moment de publier, je discute avec certains en qui j'avais confiance. Ils me disent en substance: « Tu publies quelque chose qui est risqué et hypothétique, tu ne peux pas impliquer Éric ». Parce que moi, je voulais le faire signer. Éric avait 28 ans, il n'avait pas de poste. Je me suis rangé à cet avis, mais quand je le lui ai dit, ça l'a terriblement blessé. Il ne l'a jamais formulé, mais je comprends que ça lui soit resté. Quand il a eu la médaille d'or du CNRS en 2015, pour son œuvre scientifique

[5] Albrecht-Buehler G. Rudimentary form of cellular "vision". Proc Natl Acad Sci USA. 1992 Sep 1;89(17):8288-92.

et pour son rôle éminent dans le succès de l'expédition Tara, il a notamment indiqué dans une interview au journal *Le Monde* qu'il allait souvent à l'époque discuter « centriole » au bistrot. Il mentionne François Jacob, Jean-Pierre Changeux ou André Lwoff, qui ne venaient pas discuter « centriole » avec nous.

- Mais pas toi !

- Non. Et pourtant, quand j'ai su qu'il avait la médaille d'or du CNRS, je l'ai invité à la maison et nous avons passé une très bonne soirée.

- Tu lui as reparlé de cet article ?

- Non.

- Peut-être aurais-tu dû ?

- Pour lui dire quoi ?

- Que tu es conscient qu'à l'époque, tu ne lui as pas fait signer cette publication pour des raisons stratégiques discutables, et que tu comprends qu'il ait pu être blessé.

- Oui, je comprends. Je lui avais expliqué, au moins j'avais tenté. Je m'en suis expliqué par écrit dans ma notice de *Titres et travaux* lorsque je me suis présenté pour le titre de maître de recherche. J'ai expliqué que j'avais beaucoup discuté, que j'avais eu une interruption expérimentale longue parce que j'étais complètement accaparé par cette histoire de centrosome, que j'avais impliqué un jeune chercheur, que j'aurais pu lui faire signer cette publication, mais que c'était lui faire prendre trop de risques pour sa situation dans l'Institution. Je l'ai dit et je l'ai écrit, sans jamais lui faire lire. Mais pourquoi revenir là-dessus ? Une idée, même séduisante, ne coûte pas cher en science. Ce qui compte, c'est de démontrer l'idée.

- Parce qu'il y a de l'amitié et qu'il y a cette ombre qui d'un côté a servi l'ambition d'un chercheur, Éric, son côté têtu - comme tu es têtu toi-même ! Et c'est très bien ! Maintenant, vos carrières sont largement derrière vous, et ni toi ni lui n'avez rien à prouver, vous pouvez dire fièrement, l'un et l'autre, que vous avez eu deux beaux parcours de chercheurs.

- On peut dire surtout qu'après, nous avons poursuivi des expériences ensemble, notamment avec toi.

- Oui, bien sûr, le lien existe.

- Bon, peu importe. J'ai donc eu une période où j'emmerdais tout le monde. J'ai beaucoup d'amis non biologistes qui en parlent encore. J'ai fait suer vraiment du monde. J'ai fait plusieurs présentations, et puis un jour j'ai fait un séminaire à l'École Polytechnique qui ne s'est pas bien passé. Un type me dit : « J'ai fait les calculs, ce n'est pas possible », sur un ton... un peu désagréable ! C'est difficile d'être contesté publiquement. Ses calculs étaient faits en imaginant les centrioles, oscillant ou tournant dans le cytoplasme dont la viscosité était assimilée à celle de l'eau, dans la « confiture » comme disait François Jacob, ce qui évidemment n'était pas possible. Sans être capable de le formuler sur le plan physique, j'avais l'idée d'un système isolé qui, localement et transitoirement, était capable de donner un signal de position utilisable. Mais en revenant, je me suis dit : « Basta ! J'arrête ! ». Je mets ça de côté, je n'en parle plus. D'autant que le centriole était utilisé comme argument par des créationnistes américains ! Plus tard, je suis allé rendre visite à Éric chez Marc Kirschner en 1983 pendant trois semaines. On m'avait demandé d'écrire une revue sur le centrosome et je l'ai fait cosigner par Éric[6]. Je disais les limites de l'hypothèse et

[6] The centrosome. M. Bornens and E. Karsenti. In « Membrane structure and function ». (E.E. Bitar, Ed). John Wiley and son, Vol. 6, Chap.3, pp 99-171, 1984.

j'écrivais que le modèle de G. Albrecht-Buelher comme le mien, qui l'un et l'autre proposaient que le centrosome soit un appareil de navigation, mais par des mécanismes très différents, en disaient davantage sur l'imaginaire des auteurs que sur les fonctions des centrioles. J'ai alors décidé de trouver des sujets testables expérimentalement. J'ai cherché des approches où je pouvais poser la question de la fonction du centrosome dans la cellule, en même temps que j'ai investi sur l'isolement des centrosomes. Il fallait que je quitte le laboratoire de Stratis Avrameas. J'étais très focalisé sur le centrosome et en même temps, en étudiant la blastogenèse du thymocyte avec Éric Karsenti, on découvrait le cytosquelette. Comment ? Les thymocytes de rat, mis en présence d'une lectine (une protéine liant spécifiquement certains sucres) isolée du haricot rouge (la concanavaline A) se transformaient en blastes en 24 heures environ : les cellules grossissaient et se divisaient. C'était un beau modèle de « réveil » des cellules, utilisé d'abord par l'équipe de Gerald Edelman aux États-Unis. Ils avaient montré que la lectine se liait à certains sucres des glycoprotéines à la surface de la cellule, provoquant un regroupement progressif de ces protéines réceptrices à un pôle de la cellule et que ce processus était dépendant du cytosquelette. Si on perturbait le cytosquelette, cet événement était également perturbé, et la réponse de la cellule était différente. Tout à coup, le cytosquelette était important pour le mouvement des récepteurs membranaires, la cellule n'était plus considérée comme un sac d'enzymes. La structure, le transport, les échanges, les signaux qui circulaient, tout cela caractérisait la cellule eucaryote. Cela ne faisait que renforcer mon intérêt pour le centrosome, qui semblait « organiser » les microtubules cellulaires.

- C'est l'époque de la membrane où l'on parle de mosaïque fluide ?

- Oui. Le modèle de Singer et Nicholson proposait que la membrane était fluide. Beaucoup de laboratoires se sont emparés du concept et de ses conséquences, pour tous les récepteurs peptidiques de surface, en particulier. Puis est arrivée en 1974 la publication d'Elias Lazarides et Klaus Weber dans PNAS[7] (*Proceedings National Academic of Science*), aux États-Unis. Ils travaillaient sur des fibroblastes dont ils avaient séparé les protéines en gel bidimensionnel. Les protéines étaient séparées par deux critères, la masse et le point isoélectrique lié à la charge. On obtenait un nuage de points correspondant aux polypeptides individuels ; un point était beaucoup plus gros que les autres, il correspondait à l'actine. Ils l'avaient démontré en récupérant la protéine dans le gel. En l'injectant à des lapins, ils avaient fabriqué des anticorps qui, déposés sur des cellules fixées, permettaient de visualiser un réseau de fibres extraordinaire ; la cellule était remplie de fibres d'actine ! Cette publication fut un choc pour beaucoup. De plus, les auteurs montraient comment la cellule se ré-étalait, passant par une étape transitoire où les protéines du système actine formaient un véritable géodome au-dessus du noyau. Tout d'un coup, le cytosquelette était là ! Cela eut une autre conséquence. Le grand sujet, à l'époque, était la différenciation cellulaire : comment, à partir d'un œuf fécondé, on peut faire 300 types cellulaires différents ? Tout le monde était sur le schéma opéron très simple : on avait dans chaque type cellulaire un système de réponse spécifique pour produire les protéines majoritaires nécessaires à la fonction de la cellule ; l'actine et la myosine étaient des marqueurs de la voie musculaire, la tubuline éventuellement celui des neurones interphasiques, etc. Il y avait bien les enzymes de ménage communes à toutes les cellules, pour le métabolisme, mais les

---

[7] Lazarides E, Weber K. Actin antibody: the specific visualization of actin filaments in non-muscle cells. Proc Natl Acad Sci U S A. 1974 Jun;71(6):2268-72.

voies de différenciation « nobles » étaient spécifiques. Donc, l'actine était, pour tout le monde, le marqueur de la myogenèse. Or la publication de Lazarides et Weber montrait qu'il y avait de l'actine en abondance dans les fibroblastes, dans les feuilles de salade, de tomates, bref, qu'il y en avait partout. Cela a été un grand chambardement. Michel Morange a écrit que c'est l'apport de l'immunofluorescence qui a fait voir la cellule autrement, qui a fait changer les idées[8]. Tout à coup, on a vu que la cellule était compliquée, qu'il y avait un tas de fibres partout et qu'en plus, les mêmes protéines se trouvaient dans pratiquement tous les types cellulaires. Le cytosquelette, longtemps négligé par la microscopie électronique parce que, contrairement aux membranes, il se prêtait mal à l'observation en coupes ultrafines, devenait important pour le fonctionnement cellulaire. Il faudra encore beaucoup de temps pour comprendre toute son importance. Il a fallu d'abord faire l'inventaire de tous ses composants, découvrir que les deux seuls moteurs moléculaires connus, la myosine musculaire et la dynéine flagellaire, étaient en fait les représentants de deux familles de très nombreux moteurs et qu'il existait une troisième famille, tout aussi riche. Je me souviens d'une table ronde Roussel-UCLAF sur le cytosquelette à cette époque, à laquelle plusieurs membres du département participaient. Le matin du second jour, François Jacob était déjà là et me dit : « Vous ne trouvez pas ça emmerdant ? Ils arrivent avec leur 68K, leur 128K (il faisait le geste de quelqu'un qui sort au hasard, du bout des doigts, des objets d'une soupe), mais ils ne comprennent rien ! ».

- Concernant la théorie dont tu parlais, on savait que l'actine était codée par un gène, on « allumait » le gène pour coder la protéine dans les cellules musculaires, et on ne pouvait l'allumer dans les autres types cellulaires.

---

[8] Michel Morange. *Une histoire de la biologie*. Ed. du Seuil. 2017

- C'était ça l'hypothèse. Si elle avait été bonne, cela aurait été relativement simple. Mais on ne pouvait pas expliquer la différenciation cellulaire de cette façon. Nous étions les premiers avec Éric Karsenti à Pasteur à faire des anticorps contre l'actine et la tubuline, avec Dominique Pantaloni et Marie-France Carlier à Gif-sur-Yvette qui isolaient ces protéines. On avait fait des anticorps anti-tubuline dans une chèvre, et tout d'un coup, on découvrait le cytosquelette. Arrive le moment où, complètement focalisé par le centrosome, je dois quitter Stratis Avrameas parce qu'on était sur des sujets trop différents. Bernard Maro était venu comme thésard. Éric Karsenti, Bernard Maro et moi décidons de faire une équipe quelque part. On pensait à Pasteur au début, mais il y a eu des oppositions fermes (« la biologie cellulaire n'est pas une discipline pasteurienne ! »). J'avais peut-être aussi une réputation de « grande gueule », d'avoir été très actif sur la politique scientifique à Pasteur, ça a joué aussi, j'en suis tout à fait conscient. Je vais te raconter un épisode que je n'ai raconté qu'à des intimes. Un jour, François Jacob m'appelle et m'invite dans son bureau au quatrième étage. Il m'accueille par un sonore : « Bonjour Maître Bornens ! ». Je réponds : « C'est la première fois qu'on m'appelle Maître Bornens », et il répond : « Ça ne sera pas la seule fois, Maître Bornens ! ». Il adorait jouer au chat et à la souris. On discute, il me montre un de ses tableaux, qui était au mur, représentant un mendiant, je crois : « Un authentique François Jacob !», dit-il avec amusement, puis, après avoir abordé ma situation à Pasteur : « Pourquoi ne viendriez-vous pas chez moi ? Deux modules, ça vous irait ?». Je lui dis : « Mais on ne travaille pas du tout sur la même chose ! », et il me répond : « Ca ne fait rien, interaction intellectuelle ». Alors je m'imagine cherchant à produire des résultats, avec un François Jacob au métabolisme intellectuel hors-norme, venant tous les matins ou tous les soirs voir où nous en étions, ce n'était pas possible ! Donc j'ai tout fait pour éviter ça. Mais je n'ai jamais répondu formellement à sa proposition. À l'époque, avec Éric, on collaborait avec des gens d'Ivry-sur-Seine, comme Pierre Gounon. Il travaillait sur le développement des ovocytes d'amphibiens. Éric avait entamé une collaboration avec lui, et ils ont publié tous les deux un joli travail sur l'actine dans la vésicule germinative. Éric me dit : « Il faut aller à Ivry, c'est formidable ! ». Pour moi, c'était un peu l'angoisse d'aller là-bas parce que c'était un endroit perdu. Cela avait beau être un lieu historique où Joliot-Curie avait créé un laboratoire de synthèse atomique en 1936, j'étais très hésitant.

- C'était un laboratoire du CNRS ?

- Oui, dirigé par Pierre Favard, qui avait été le président de jury de ma thèse. Il y avait Daniel Sandoz qui s'intéressait, par une approche surtout morphologique, à la ciliogenèse, avec un joli modèle de différenciation de l'oviducte de caille impubère. Il y avait aussi Yves Bouligand, qui avait une approche de la morphogenèse plus théorique, plus physique. Éric me poussait beaucoup à rejoindre ce site, lui-même partant à San Francisco en stage post-doctoral chez Marc Kirschner. Finalement, je me retrouve là-bas, à Ivry-sur-Seine. Je ne me souviens plus de tous les détails, je me souviens que j'avais fait des cauchemars à l'époque, je m'imaginais que j'allais sur une île déserte. Nous avons organisé une série de séminaires chaque semaine. Nous avons fait venir Tim Mitchison et plusieurs chercheurs de ce niveau-là. L'équipe s'est renforcée par l'arrivée de plusieurs personnes. Tous les sujets tournaient autour du centrosome d'une manière ou d'une autre. Marie-Elisabeth Sauron voulait absolument qu'on fasse des anticorps monoclonaux contre les centrosomes, je n'y connaissais rien, mais elle avait appris. Nous avons fabriqué des anticorps monoclonaux d'abord contre le cortex cilié d'oviducte de caille qu'on avait purifié. Je me souviens de la première fois où l'on a injecté des cellules d'hybridome à des souris pour fabriquer des ascites. On faisait ça en intra-péritonéale, et Marie-Elisabeth n'osait pas toucher les souris ! Je tenais donc la souris, la queue prise sous mon petit doigt, par derrière les oreilles entre le pouce et l'index, et lui tendais ainsi la souris le ventre en avant ; elle était tellement émue qu'elle a piqué la souris un peu fort, et m'a piqué la main à travers la souris !

- Dans ce cas, il est peut-être préférable de manipuler seul !?

- Absolument.

- Et donc, ça se passait plutôt bien la transition depuis l'Institut Pasteur ?

- Oui et non. Très vite, j'ai eu des conflits avec Pierre Favard, nous avons été rejetés, la glace n'a pas été rompue complètement, on les bousculait trop. Ils avaient une vie peinarde, familiale.

- Lui était une sorte de mandarin ?

- Mandarin peut-être, en tout cas professeur un peu à l'ancienne et content de lui. « Rien ne vous appartient ici sauf votre pantalon ! ». Il adorait ce genre de phrase. Il n'avait pas que des mauvaises idées, mais c'était vraiment l'universitaire pas très chercheur, qui ne croyait pas trop à la recherche j'ai l'impression ; il croyait aux livres, aux choses écrites, établies.

- Encore faut-il qu'il y ait des résultats de recherche pour écrire des livres !

- Très vite, j'ai eu des conflits avec lui sur plusieurs sujets. La secrétaire, qui travaillait à son rythme, trouvait que je lui donnais trop de boulot. Un jour, elle m'apporte tous les dossiers de l'équipe, elle les pose sur mon bureau et dit : « C'est fini, je ne travaille plus pour vous, je l'ai dit à Favard ». Elle trouvait que je lui demandais trop de travail alors que je n'en avais pas du tout l'impression, mais j'avais probablement dit quelque chose qui ne lui avait pas plu. Et visiblement, le directeur n'avait qu'à obtempérer. Or, à l'époque, il n'y avait pas encore de traitement de texte…

- Ecriture manuscrite et machine à écrire !

- Oui. Je me souviens à Pasteur, il y avait une super secrétaire, elle tapait les trucs rrrrrr (*sic*) elle corrigeait ffff (*sic*), mais nous étions dépendants et c'était tout de même lent. D'un autre côté, on envoyait un courrier et pendant trois semaines on était peinard, alors qu'aujourd'hui, ça revient dans la journée. Très vite, on a eu des conflits sur plein de choses, en particulier sur la succession de Pierre Favard ; certains voulaient que ce soit Daniel Sandoz, moi je voulais quelqu'un venant de l'extérieur pour apporter du sang neuf. En fait, on n'avait pas la masse critique. On avait fait le pari beaucoup trop tôt de faire un centre de biologie cellulaire moderne à Paris.

- C'était votre ambition à l'époque ?

- Oui. D'ailleurs, on a changé le nom du laboratoire : de « cytologie expérimentale » en « centre de biologie cellulaire ». Bernard Maro était thésard avec moi. Un jour, nous étions encore à Pasteur, en revenant de vacances de Noël, je le vois d'humeur massacrante : sa femme venait de lui signifier que leur relation était terminée, et ils avaient deux enfants. Il était très malheureux. Il avait une angoisse folle d'être tout seul, c'était tragique. Un jour, on était à peine arrivés à Ivry, il vient me voir et me dit : « Je pars en Angleterre ». « Mais tu n'as pas fini ta thèse ! ». « Oui, mais avec mes enfants, il n'y a que maintenant que je peux y aller, j'ai dix huit mois devant moi, c'est maintenant ou jamais ». En fait, il avait enfin établi une nouvelle relation !

- Une Anglaise ?

- Non ! Quelqu'un de l'Institut Pasteur, une charmante fille, toujours joviale, gentille comme tout. Elle partait chez Martin Johnson à Cambridge, en Angleterre.

- Ah ! C'est elle qui partait ?

- C'est elle qui partait, et lui voulait la suivre. Il est resté trois ans ou peut-être même quatre ans chez Martin Johnson où il a fait un très bon travail, mais il a interrompu son travail de thèse.

- Pour revenir sur le centre de biologie cellulaire, à Ivry, c'était un peu glauque, non ?

- Oui, mais le bâtiment était extraordinaire. Dans le hall, d'une hauteur de cinq étages, un générateur de haute tension était installé[9], sur lequel, m'avait-on dit, on avait testé tous les verres isolants des poteaux électriques. On faisait des étincelles de la puissance d'un éclair. Le hall entier constituait une cage de Faraday, il parait que tout le monde avait les cheveux qui se dressaient sur la tête quand on produisait une étincelle. L'ambiance faisait penser à quelques planches de bande-dessinée : des galeries suspendues, des escaliers entre les deux. Tout cela donnait l'impression qu'un docteur fou pouvait travailler là, quelque part. Tu as peut-être connu Pierre Collenot ? Son labo était dans ce décor.

- Oui, je l'ai eu comme professeur de biologie à Paris 6.

- Il avait de drôles d'idées parfois ! Et comme il le disait lui-même : « Ca ne m'empêchera pas d'en proposer d'autres ! ». Il travaillait sur les pleurodèles. As-tu déjà vu les amours des

[9] Voir : http://www.leparisien.fr/ivry-sur-seine-94200/les-joliot-curie-faisaient-eclater-la-foudre-dans-leur-laboratoire-d-ivry-27-02-2015-4563529.php

pleurodèles? Le mâle et la femelle se tiennent face à face, par les pattes avant, comme bras dessus-bras dessous pour danser une bourrée auvergnate. Le mâle fait tourner la femelle pour qu'elle aille récupérer dans son tractus génital un spermatophore, avec une touffe accrochée de spermatozoïdes, qu'il a déposé sur un caillou dans l'eau. Incroyable ! Incroyable parce que tu te demandes comment ça a pu être sélectionné.

- Finalement, tu n'es pas resté très longtemps à Ivry ?

- Non. Un jour, Janine Beisson me dit : « Pourquoi ne viendriez-vous pas à Gif-sur-Yvette ? Ce que vous faites m'intéresse beaucoup. Nous travaillons sur les ciliés ». Voilà comment j'ai décidé d'aller au Centre de génétique moléculaire (CGM) à Gif ; je suis parti en 1986. C'est à Gif que mon parcours a croisé la politique de la recherche. Après très vite, il y a eu des personnes qui sont arrivées dans l'équipe. Tu es arrivé en quelle année ?

- 1987.

- Oui c'est ça, l'année d'après.

- Vous étiez là depuis un an.

- Oui, un an. Ça tombait bien car je voyais que nous ne pouvions pas poursuivre beaucoup plus longtemps à Ivry. L'idée de construire un centre de biologie cellulaire était trop précoce. En plus, nous n'étions qu'un petit groupe : Éric Karsenti était aux États-Unis et Bernard Maro en Angleterre. Comme j'étais dans une relation conflictuelle à Ivry, l'offre de Janine Besson m'a plu. Le CGM n'existe plus aujourd'hui en tant qu'Unité Propre de Recherche (UPR), mais à l'époque, c'était un bel institut, dirigé par Piotr Slonimski qui n'était pas n'importe qui. C'était un sacré bonhomme. C'était plutôt un centre de génétique alors que nous étions beaucoup plus biologie cellulaire. Je me souviens de discussions avec Piotr. L'école française, vis-à-vis de l'observation microscopique, a une longue histoire[10]. Piotr considérait qu'il ne fallait pas regarder, il fallait penser. Il fallait regarder avec son cerveau, il n'y avait pas besoin d'image. Jacques Monod ou Pierre Desnuelle, à Marseille, étaient du même avis. Daniel Louvard m'a raconté que lorsqu'il était en thèse chez Pierre Desnuelle, il avait acheté un microscope qu'il devait cacher dans un placard. Il faut dire qu'il y a eu un abus, avec l'arrivée de la microscopie électronique, de publications où il n'y avait que des images. Les gens montraient des superbes images, il y en avait 30 ou 40 par article ! Ça passait parce que les images étaient nouvelles, et qu'on découvrait des choses nouvelles, mais on ne comprenait pas grand-chose. D'ailleurs ce débat ne s'est pas limité à la France. Des chercheurs américains comme Daniel Mazia disaient qu'il faut penser avec ses yeux et regarder avec son cerveau. Je me souviens qu'André Adoutte m'avait dit que, quand il était en DEA chez Janine Beisson, il travaillait sur un mutant mitochondrial chez la paramécie qui se traduisait par une localisation atypique de la mitochondrie. Il était très excité et il appelle Piotr Slonimski: « Venez voir mon mutant ! ». Et Piotr de répondre : « Non, non, non, ce n'est pas la peine de venir le regarder ». C'étaient les grands spécialistes de la mitochondrie de la levure et du génome mitochondrial, c'était une grande école. Mais ils n'avaient jamais regardé si la levure avait trois ou quatre mitochondries ou une seule.

- Jusqu'à dénigrer ceux qui faisaient des observations microscopiques ?

- Il y avait une méfiance, forte. Je me souviens d'un débat avec Piotr Slonimski où je lui avais dit : « Il faut quand même de temps en temps regarder, il n'y pas beaucoup de théorie en

---

[10] Bornens M. Quel futur pour la biologie cellulaire ? Med.Sci., 2019, vol.35, pp 199-200.

biologie », et il était d'accord là-dessus. « Il y a la théorie chromosomique de l'hérédité, et il a bien fallu voir les chromosomes et voir le ballet bien ordonné de la mitose, pour faire du sens ». « Oui, oui, parfois, mais tous les cinquante ans ! ». Il y avait donc vraiment une opposition très forte. Nous, on ne faisait pas que de l'observation, on faisait de la biochimie, du fractionnement cellulaire, mais il y avait quand même ces discussions. Je me souviens aussi du slogan de Piotr : « Il faut accrocher les gènes ». C'était ça son slogan, accrocher les gènes.

- Que voulait-il dire par « accrocher les gènes » ?

- Vous n'arriverez pas à comprendre les mécanismes si vous n'avez pas les gènes qui codent pour les protéines qui vous intéressent.

- D'accord.

- Maintenant c'est facile, mais à l'époque c'était plus compliqué. Et en plus, des mécanismes peuvent s'étudier indépendamment de l'expression des gènes. Pour poursuivre sur ce point, j'ai rencontré Piotr beaucoup plus tard, alors que j'étais à l'Institut Curie depuis plusieurs années, lors d'une réunion au Muséum d'Histoire Naturelle de Paris organisée par l'Institut Curie et par l'Académie de Suède pour expliquer comment on attribuait le prix Nobel (!). Je ne sais pas pourquoi, Piotr était là. C'est la dernière fois que je l'ai vu. Il était âgé et il n'allait plus au CGM. On a un peu discuté. Il s'intéressait toujours à des questions de biologie, d'hétérogénéité des protéines, mais d'une manière « qui n'intéresse personne ». Et il me dit tout d'un coup : « Michel, vous aviez raison, c'est le triomphe de la biologie cellulaire !». Donc, il y avait eu une évolution chez lui, que je n'aurais pas imaginée. On ne se rend pas compte, on s'habitue très vite aux nouveautés, mais on a complètement changé d'époque de ce point de vue-là. L'arrivée du numérique, permettant la fabrication de microscopes photoniques numérisés qui sont des appareils de physique sophistiqués permettant la vidéo-microscopie ou la super-résolution, et donnant ainsi accès à des paramètres quantifiables dont on ne rêvait même pas jusque-là, a définitivement clos ce débat entre ceux qui « pensaient » et ceux qui ne faisaient qu'observer. Le CNRS de Gif-sur-Yvette était un bel endroit, avec des collègues compétents qui produisaient de la belle science. Nous concernant, c'était la grande époque du cycle cellulaire qui démarrait à fond. Une publication de Paul Nurse, en 1987, montrait que le gène régulateur de la mitose dans la levure *Schizosaccharomices pombe* était universel. C'est là que j'ai connu Paul Nurse, qui nous a passé des outils.

- Il y a eu ce fameux congrès de Roscoff en septembre 1988 !

- Où tu étais ?

- Je n'étais pas invité mais je suis venu tout seul. Tu ne te souviens pas ?

- Si.

- Je travaillais au laboratoire depuis peu temps et j'avais vu le programme du colloque qui avait l'air bien intéressant. Mais à juste titre, tu m'as dit : « Tu viens d'arriver, tu iras à un congrès plus tard, ce n'est peut-être pas le moment ». Mais comme j'ai la tête dure, le dimanche soir, je prends ma voiture et je roule jusqu'à Roscoff. J'ai roulé toute la nuit et je t'ai retrouvé devant une boulangerie je crois, tôt le lundi matin. Tu m'as dit, surpris : « Mais qu'est-ce que tu fais là ? », et je t'ai répondu que je voulais assister au colloque, que j'avais pris une tente dans le coffre de ma voiture en pensant que j'allais camper sur la plage parce qu'il n'y aurait plus de place dans les hôtels. Et finalement, comme tu avais une chambre avec deux lits, tu m'as gentiment invité à la partager avec toi. On a donc passé quatre jours et trois nuits à Roscoff. Il y avait Paul

Nurse, Marc Kirschner, James Maller, Tim Hunt, Marcel Dorée et beaucoup d'autres. Je ne me souviens pas de tous les noms, mais il y avait tous les auteurs importants du cycle cellulaire, qui avaient publié dans *Cell*, dans *l'EMBO Journal*, dans *Science* ou dans *Nature* !

- Oui, tous les chercheurs de la levure et tous les chercheurs des œufs, généticiens et biochimistes. Il y avait d'un côté ceux qui travaillaient sur le MPF (*Maturation Promoting Factor*) et l'oscillateur biochimique de l'œuf, et ceux qui travaillaient sur les gènes de levures, les gènes contrôlant le cycle de division cellulaire. Deux ans avant, un petit congrès à Heidelberg avait eu lieu, assez intéressant, en présence de Marc Kirschner, de Daniel Mazia, de Paul Nurse qui à l'époque était encore jeune, avec les cheveux longs et la barbe. Je me souviens d'un conflit entre Marc Kirschner et Daniel Mazia, que Marc jugeait, en privé, « *fuzzy* »[11]. Sur une intervention un peu abrupte de Marc, Daniel Mazia, énervé, a dit : « Marc Kirschner n'était pas encore né que l'idée d'un oscillateur biochimique était déjà là ! ». Il a cité Louis Rapkine qui avait, avant la guerre, travaillé à l'Institut Pasteur sur l'oscillation d'oxydoréduction des SH (radicaux soufrés) en phase avec le cycle. Paul Nurse avait déjà une personnalité rayonnante, on le repérait dès qu'il arrivait quelque part. Le soir, dans un café, avec un bock de bière à la main, je me souviens l'avoir entendu dire : « *What is this MPF they keep talking about ?* ». Alors qu'il fut le premier à comprendre ce qu'était le MPF, en montrant que la protéine kinase p34 codée par le gène cdc2 était un composant du MPF.

- Les biochimistes *contre* les généticiens. À Roscoff, un midi, ils se sont battus avec des petits pois !

- Ah bon ?

---

[11] Fuzzy = flou

- Ils étaient accroupis derrière les tables, Paul Nurse et les autres, et ils se levaient en lançant des petits pois et en criant « cdc2 ! » et les autres en face, « MPF ! ».

- Je ne me souviens pas de ça !

- Et donc, un moment important, la fin des années 1980 !

- Oui, un moment important pour le cycle et pour le rôle du centrosome dans le cycle qui n'était pas clair. Nous avons montré la localisation de p34 cdc2, puis celle de la cycline B1. Mais en même temps, on ne faisait pas vraiment du cycle, on essayait de comprendre le rôle du centrosome dans le cycle, ce qui, à mon avis, n'est toujours pas compris, même s'il y a eu récemment de gros progrès dans la levure[12].

[12] Chan KY et al. Dialogue between centrosomal entrance and exit scaffold pathways regulates mitotic commitment. J. Cell Biol., 2017, Sep.4 ; 216(9) : 2795-2812.

2. Implications dans la politique de la recherche

- C'est à Gif-sur-Yvette que tu as participé aux commissions CNRS ?

- Oui, j'ai été nommé en commission du CNRS par Jacques Demaille, je pense sous l'influence de Marcel Dorée. La commission s'occupait des examens de carrière, des projets de recherche, etc. C'est à peu près à ce moment-là que Jacques Demaille a été remplacé par Claude Paoletti. Claude Paoletti travaillait sur l'ADN nu, sans protéines, et avait une culture biologique limitée à certains domaines. Il avait beaucoup de qualités mais aussi quelques défauts. Ses premières mesures, quand il a été nommé aux Sciences de la Vie, ont suscité quelque émoi. Il disait : « Je ne veux plus entendre le mot physiologie ». C'est comme s'il avait dit : « Je ne veux plus entendre le mot physique » ! Il voulait le remplacer par le mot « dynamique » ou je ne sais plus quoi. En cela, il était précurseur : on ne parlait pas encore de *System Biology*. Mais il s'intéressait beaucoup à ce que l'on faisait en biologie cellulaire. Par exemple, il a créé les ATIPEs (Action incitative thématique sur programme et équipes), la première consacrée à la biologie cellulaire ayant été mise en place en 1989. L'idée était de favoriser le retour des jeunes chercheurs qui, après un stage post-doctoral réussi à l'étranger, avaient le plus grand mal à développer leur propre projet de recherche. J'étais en rapport avec Daniel Louvard qui arrivait de l'EMBL (*European Molecular Biology Laboratory*), à Heidelberg, et qui fut le moteur de cette initiative. J'avais des rapports de travail avec lui, des discussions sur le plan de la discipline, sur l'état de la biologie cellulaire en France qui était très malmenée. Il se trouve que la France avait une grande école de biologie moléculaire, travaillant sur le code génétique et la traduction des protéines par les ribosomes, ce que l'on a appelé, dans le milieu, le « club du ribosome ». Les membres de ce club contrôlaient absolument toutes les décisions, tous les postes, et, pour certains, il n'y avait que cette discipline qui avait droit de cité. La biologie cellulaire avait beaucoup de mal à exister, l'argument étant : tout le monde fait de la biologie cellulaire en étudiant les mécanismes moléculaires. On regarde ce qu'il y a dedans, on ne regarde pas l'objet cellule. Or, ce qui se passait aux États-Unis et en Angleterre, où les gens sont plus pragmatiques, et ne s'occupent pas de savoir à quelle discipline ils appartiennent, mais essaient de voir comment la science évolue, nous préoccupait. Daniel Louvard avait l'expérience de la création de l'EMBL. Quant à moi, j'échangeais souvent avec des collègues aux États-Unis. Je voyais bien qu'au niveau de l'organisation de la recherche, ça n'allait pas. Daniel Louvard eut l'idée très novatrice de faire ces ATIPEs. À l'époque, les laboratoires étaient souvent de gros instituts, beaucoup d'UPR du CNRS qui étaient dirigées par un grand patron, un mandarin. C'était comme un paquebot ou un porte-avion. En connaissant « untel », on connaissait tout Strasbourg, tout Grenoble ou tout Montpellier ! Il y avait quelques grands noms, des espèces de barons locaux qui tenaient les gros instituts et qui contrôlaient les décisions du CNRS. On commençait à faire pression pour que les chercheurs partent à l'étranger, qu'ils aillent « faire un tour ». En effet, très peu partaient à l'époque, sauf à l'Institut Pasteur où, au démarrage de la biologie moléculaire, ils avaient eu des contacts suivis avec les chercheurs américains ou anglais. Ailleurs, la plupart des jeunes chercheurs restaient encore deux ou trois ans après leur thèse dans leur laboratoire, sous la coupe du patron, parfois toute leur vie, ou jusqu'à 50 ans. C'était ça qu'on voulait casser.

- Ils restaient et obtenaient des postes ?

- Oui évidemment, ils avaient des postes mais ils n'avaient pas d'autonomie, il n'y avait aucun papier qui n'était pas estampillé par le patron. Donc, pas d'autonomie de projet. D'où l'idée des ATIPEs : organiser les retours des chercheurs post-doctoraux pour qu'ils ne se retrouvent pas dans leur laboratoire d'origine. C'était une vraie bagarre. L'idée avait été proposée à Roger Monier, il n'avait rien fait. Jacques Demaille non plus. Par contre, ce dernier avait créé les conférences Jacques-Monod, avec le raisonnement suivant : « Supprimons les subventions aux petits congrès qu'on ne connait pas, qu'on ne contrôle pas, dont on ne sait pas s'ils sont bons ou pas, et mettons l'argent sur des séries de conférences organisées par le CNRS ». Ce fut, à côté des ATIPEs, une grande initiative dont on peut mesurer encore les effets. Je me souviens de ce que m'avait dit Jacques Demaille quand il est parti de la direction du CNRS. Je lui avais demandé : « Pourquoi tu t'en vas après quatre ans ? », et il m'avait répondu : « Parce que la marge de manœuvre est ridicule ! Les gens croient qu'un directeur des Sciences de la Vie du CNRS a beaucoup de pouvoir, ce n'est pas vrai, et l'opposition vient beaucoup moins des syndicats ou des personnels que des mandarins qui veulent garder leur pouvoir ». C'est un peu comme des sénateurs vis-à-vis du pouvoir central. Pour l'ATIPE, l'idée était d'avoir un comité mixte, moitié d'étrangers et moitié de Français. Déjà ça, c'était un grand scandale, car cela obligeait d'avoir des dossiers bilingues. Il y a eu une grosse protestation. De la part du Comité National qui disait « Pourquoi on nous contourne ? », alors que l'idée n'était pas de le contourner, c'était simplement de dire : « C'est à ceux-là qu'il faut donner des postes ». Grosse opposition aussi des patrons qui disaient : « On n'a besoin de personne pour choisir les jeunes pousses que l'on va mettre en avant pour l'avenir ». Finalement, c'est Claude Paoletti qui a accepté. Je crois que c'est en 1989 qu'on a réuni le premier comité ATIPE « biologie cellulaire » ; ça a duré sept ans, et je crois qu'en sept ans, nous avons installé une trentaine de groupes en France. On en créait deux à trois par an, pas plus. Il y avait des règles, il fallait que les laboratoires d'accueil octroient une certaine surface et certains moyens, et le CNRS offrait un soutien spécifique. Plus tard, toutes les disciplines ont créé leurs ATIPEs. Dans le premier comité, sous la présidence de Daniel Louvard, il y avait Paul Nurse, James Rothman, qui n'avaient pas encore le prix Nobel, Kai Simmons, Klaus Weber, Umo Lindberg, Colin Hopkins..., que des grands chercheurs étrangers. On travaillait très bien, ça durait une matinée. Vingt dossiers avaient été envoyés aux membres deux mois auparavant, et au cours de la matinée, on faisait le classement. Pourtant, de grosses protestations ont eu lieu, et dès la deuxième année, la direction des Sciences de la Vie, qui avait accepté le principe, commençait à vouloir s'en servir pour sa politique interne. Claude Paoletti présente à Daniel Louvard un dossier qu'on n'avait pas examiné et lui dit : « Celui-là, je voudrais le mettre à tel endroit en France ». Il voulait le classer « ATIPE » pour mener sa propre politique, légitime par ailleurs, sur le territoire national. Cela fichait tout par terre évidemment. Daniel Louvard a dit : « Ce n'est pas possible : si jamais les chercheurs étrangers voient un nom dont ils n'ont même pas discuté la candidature, ils ne vont pas revenir ». La direction du CNRS pensait que, de toute façon, les chercheurs étrangers étaient venus la première année, mais que dans tous les cas, ils ne reviendraient pas. Elle l'espérait peut-être par souci d'économie, mais cela ressemblait aussi à de l'autocensure d'un pays sous-développé, alors que ces chercheurs étrangers sont venus chaque fois faire le travail qu'on attendait d'eux, et souvent, cerise sur le gâteau, donnaient un séminaire en plus, à Pasteur ou ailleurs. La première année, certains n'ont rien compris. Des patrons, soucieux des finances de leur labo, ont candidaté, alors qu'on avait bien dit, et fait savoir, que ce processus était réservé aux chercheurs post-doctorants qui revenaient en France. Au final, cela a été très important car ça a changé l'état d'esprit. C'est la première fois que les choses ne se passaient pas entièrement « en famille », dans les gros Instituts. Petit à petit, nous avons créé un tissu sur tout le territoire et, en gros, les projets ont tous bien marché. Ce que je retiens en tout cas de discussions avec les deux directeurs des Sciences de la Vie du CNRS qui ont réussi des innovations importantes à l'époque, les conférences Jacques-Monod et les ATIPEs, dont les effets bénéfiques durent encore, c'est que les plus grosses résistances venaient surtout des mandarins. J'étais au Centre de génétique moléculaire (CGM), je savais que des chercheurs sélectionnés par le comité ATIPE candidataient et qu'ils avaient déposé leur dossier au CGM. Le principe était qu'une fois sélectionnés, c'était à eux de choisir leur affectation. Le laboratoire qui était choisi avait en échange de l'accueil d'un jeune chercheur un soutien du CNRS. Je savais qu'un des candidats sélectionnés avait posé sa candidature au CGM, mais on n'en entendait jamais parler au conseil de laboratoire. Un jour, je dis à Piotr Slonimski : « Vous n'avez pas reçu un dossier ? ». Il l'avait reçu, mais il l'avait mis sous le coude !

- On n'a pas de place !

- Exactement, on n'a pas de place. C'était une bagarre assez forte. À ce moment-là, j'avais des rapports assez fréquents avec la direction des Sciences de la Vie, et j'étais aussi dans une commission du CNRS. Deux gros Instituts de neurobiologie existaient à Gif, et Claude Paoletti s'était mis en tête de transformer l'un des deux en Institut de biologie cellulaire. « Nous allons être les premiers à faire un Institut de biologie cellulaire, ça va être à Gif, c'est un très beau campus ». Sauf qu'il me confie carrément la tâche ! « Faites-moi un rapport sur la biologie cellulaire en France, ensuite on se débrouillera ! ». En premier lieu, dans ces deux Instituts, il y avait d'éminents collègues, de très bonnes équipes. En plus, c'était suicidaire de dire que nous allions installer une nouvelle discipline, en leur demandant de partir ! Je lui ai fait valoir ces arguments tout en lui promettant le rapport demandé. Et là, j'ai pris le temps d'écrire sérieusement, je l'ai encore. Je lui ai envoyé le rapport avec un peu de retard, je dois dire, car je faisais d'autres choses. Il a aimé et il a dit : « Je vais le publier ». Pourtant, et heureusement, il ne l'a jamais publié. Mais peu de temps après, Daniel Louvard m'appelle : « Le magazine *Médecine/Sciences*, pour l'anniversaire de la création de l'EMBL, me demande un article sur la biologie cellulaire à l'EMBL. Est-ce que tu voudrais l'écrire avec moi ? ». Et il m'a envoyé son texte. Je me suis servi du rapport que j'avais fait pour transformer son texte en une sorte de manifeste, expliquant en quoi la biologie cellulaire était une discipline autonome. On arrivait en effet au moment où on allait pouvoir aborder la dynamique qui sous-tendait les structures comme les membranes, la chromatine ou le cytosquelette. L'expérience de Jennifer Lipinkott-Schwartz avec la bréfeldine A, où l'appareil de Golgi disparaissait en quelques minutes, après l'addition de cette drogue, m'avait complètement bluffé ! Lors de mon travail de thèse, j'étais à côté d'un chercheur qui passait de longues journées à purifier, avec un rotor zonal, les appareils de Golgi de foie de rat. Et là, on mettait une drogue issue d'un champignon sur les cellules, et en quelques minutes, l'appareil de Golgi disparaissait ! On enlevait la drogue, il se reformait en un quart d'heure. J'ai évidemment donné cet exemple. J'ai eu plus tard un échange avec l'auteure de la publication, et elle m'a dit que, lorsqu'elle avait présenté ses résultats la première fois à Yale, George Palade, prix Nobel, considéré comme un pionnier du trafic membranaire, lui a dit : « Ce n'est pas possible ! ». Même aux États-Unis, il y avait de la résistance ! Nous avons écrit un mélange de mon texte et de celui de Daniel. Je me souviens qu'on utilisait un petit Mac SE30, le petit cube avec un petit écran. C'était chez Daniel et c'est sa femme qui tapait. On a demandé à Jean-Paul Thiery de compléter certaines parties et on a publié cet article dans *Médecine/Science*. L'article se terminait par l'affirmation qu'il était temps de réunir des équipes confirmées et des équipes plus jeunes, et de les rassembler dans un seul Institut pour marquer un véritable effort pour la recherche en biologie cellulaire. Une analyse de la discipline vis-à-vis des autres disciplines en France était décrite dans ce texte, qui a fait du bruit. Ca s'appelait : « Penser la cellule en 1993 ». Je me souviens en particulier des réactions de certains collègues pasteuriens qui avaient trouvé l'article… arrogant.

- Présomptueux ?

- Oui présomptueux, c'est ce que je voulais dire. Nous étions nombreux à dire qu'il fallait faire quelque chose. Entre-temps, Jean-Claude Mounolou avait remplacé Piotr Slonimski comme directeur du CGM, et avec lui également, j'avais de nombreuses discussions. Le bruit que je devais créer un Institut de biologie cellulaire à Gif ne me valait pas que des regards amicaux. Un jour, Jean-Claude Mounolou, qui était dans les instances de direction du CNRS, a dit : « Si j'ai un pari à faire, c'est que cet Institut ne sera pas créé ici, mais ailleurs ». Or, il se trouve que l'Institut Curie, qui avait une réputation plutôt liée à l'étude de l'ADN, la radiobiologie et la médecine, avait créé un nouvel hôpital. L'ancien hôpital, au 12 rue Lhomond, était vide depuis quatre ou cinq ans et le directeur de la section Biologie de Curie de l'époque, Pierre Tambourin, se préparait à prendre la direction des Sciences de la Vie du CNRS, en succédant à Claude Paoletti. Il avait une cinquantaine de dossiers individuels sous le coude pour occuper cet espace. C'était un espace important, c'était vide et il y avait six étages, mais il y avait du travail à faire pour le réhabiliter. Daniel Louvard travaillait sur des tumeurs issues de cancers du côlon, et sur la transformation maligne. Il avait été invité à faire un séminaire à l'Institut Curie. Pierre Tambourin lui a dit : « Est-ce que tu ne serais pas intéressé pour venir parce qu'on va avoir des locaux ? ». Du coup, c'est là que Daniel a compris que c'était peut-être l'occasion unique de faire quelque chose. Il m'appelle, il appelle Jean-Paul Thiery, et on a essayé de présenter non pas des dossiers individuels, mais un « package ». On a présenté un Institut, en rassemblant des équipes confirmées et des jeunes équipes à cinq ans, choisies parmi les bénéficiaires d'une ATIPE, les recherches étant orientées vers la biologie de la cellule. Je dois dire que l'accueil de Pierre Tambourin a été bon : ça le soulageait d'avoir des chercheurs groupés et motivés. Il a fallu passer devant des instances, savoir qui on prenait avec nous, choisir les thèmes et les jeunes équipes. Il y avait un budget, le président du Conseil d'Administration de l'Institut Curie était Constant Burg, qui était à fond pour le projet, rajoutant même, très imprudemment, que la génétique était morte ! Des travaux énormes ont été entrepris et Daniel Louvard s'est transformé en chef de chantier. Il a fallu faire tout, nous avons travaillé pendant un bon moment à préparer les locaux. Et en juin 1995, nous avons inauguré le bâtiment qui, avec le recul, a été une grande réussite. Grosse inauguration avec des prix Nobel, comme Günter Blobel, George Palade, David Sabatini ou Gerald Edelman. Quand on fait le bilan, énormément de projets ont été mis en place et le Département de Biologie Cellulaire à Curie a dynamisé la discipline, devenant un pôle de référence. Nous avons essayé de profiter de ça pour relancer la Société de biologie cellulaire, pour relancer le journal. Nous avons tous accepté d'être président de la société à un moment ou à un autre. Moi-même, qui en général refuse ce genre de choses, j'ai accepté d'être président pendant deux ans. J'ai été un piètre président, je me déchargeais sur qui je pouvais. Mais voilà, ça a donné un « boum » important à la discipline. On continue de sélectionner chaque année à l'Institut Curie deux ou trois groupes sur une vingtaine de dossiers. Nous avons imposé un certain nombre de règles qui sont courantes dans les laboratoires étrangers mais qui n'étaient pas tellement admises en France : personne n'avait son matériel en propre, tout était collectif.

- Je pense évidemment à l'EMBL où il y a beaucoup de plateformes et d'échanges horizontaux et verticaux.

- Oui. Daniel était au début de l'EMBL et il avait été très marqué par ça. Les chefs d'équipes se réunissaient chaque semaine. Au début, il fallait créer l'unité, avec un label du CNRS. Ce qui a facilité les choses, c'est que Jean-Paul Thiery avait une UMR du CNRS à l'École normale supérieure qui avait un label et, en venant à l'Institut Curie, c'était comme si son unité grossissait. On s'était mis d'accord que c'était lui qui prendrait la direction du département, Daniel Louvard occupant la direction de la section recherche, Biologie et Physico-chimie, de l'Institut Curie, en remplacement de Pierre Tambourin et de Madame Pagès. Des gens, dès le début, m'ont dit : « Je ne vous donne pas six mois pour vous taper sur le nez ». Des conflits violents ont eu lieu, mais nous avons toujours réussi à passer outre. Daniel Louvard a été un très bon directeur parce qu'il a vraiment essayé de tirer les gens vers le haut, non seulement dans le département mais aussi dans l'ensemble de l'Institut. Je me souviens que Constant Burg n'arrêtait pas de lui demander de « couper le bois mort » et Daniel disait : « Si je commence par virer des gens, je n'arriverai jamais à ce que je veux ; je veux les tirer vers le haut, si ça ne marche pas, à ce moment-là, on leur dira de partir, mais je ne veux pas le faire sans avoir tenté de l'éviter ». Ça a été très loin, il a dû mettre sa démission en balance pour que Constant Burg accepte ses arguments. Ce dernier voulait aussi qu'on note les chercheurs, qu'on les paye de façon différenciée. Ça n'a pas toujours été un long fleuve tranquille, beaucoup de bagarres internes ont éclaté. Mais c'est la vie. Comme disait le vieil Héraclite : « Le conflit est le père de toute chose ». Par ailleurs, l'Institut Curie a une particularité, c'est qu'il a en son sein des physiciens et des chimistes, de façon historique. Cela remonte à l'époque de Marie Curie. La patronne de la section physico-chimie, Madame Pagès, prenait sa retraite quelques mois après notre arrivée. C'est elle et d'autres chercheurs, comme Pierre-Gilles de Gennes lui-même, qui avaient suggéré le nom de Jacques Prost, pour la remplacer. J'étais personnellement à fond pour lancer un effort vers la physique, parce que je me rendais bien compte que nous n'allions pas travailler sur l'anatomie moléculaire éternellement, et qu'il faudrait investir sur tout ce qui était propriétés collectives des molécules, et sur la façon de poser les problèmes autrement. Je rencontre Jacques Prost dans le bureau de Daniel Louvard, et tout de suite, le contact est établi. C'était un très bon physicien expérimentaliste qui était devenu théoricien, il connaissait tout sur les cristaux liquides, il avait écrit un livre sur le sujet. Il a dit : « Je m'ennuie dans les congrès de physique, j'ai envie de faire de la bonne physique sur de nouveaux objets comme les objets biologiques, c'est pour ça que j'ai accepté de venir à Curie ». Sur une idée de Daniel, nous avons installé dès le départ, ce qu'on a appelé les PIC (Programmes Incitatifs et Coopératifs). L'intérêt de lieux comme Curie et Pasteur, c'est qu'en plus des soutiens publics, on a un budget interne, on peut dégager un peu d'argent. J'ai fait les comptes une fois avec Daniel : 22 % des moyens venaient de l'Institut Curie, ce qui n'est pas ridicule. Mais surtout, ces moyens sont gérés de manière beaucoup plus souple que ceux du CNRS. Les PIC étaient des programmes sur un an, pour mettre le pied à l'étrier, pour explorer une voie nouvelle un peu risquée entre physiciens et biologistes. Jacques Prost et moi avons encadré ces projets pendant sept ans et ça a très bien marché, surtout quand il y avait deux doctorants, un physicien et un biologiste qui se posaient la même question mais différemment. Et si les deux patrons de thèse s'entendaient bien, c'était un plus ! Beaucoup d'exemples comme ça ont émergé et actuellement, beaucoup de chefs de groupes sortent de cette école-là. L'idée était de créer une double culture ; je disais aux chercheurs impliqués dans le PIC, toutes les six semaines, de venir écouter les projets des autres. C'était un peu dirigiste ! On dégageait un budget de 120 000 euros par an réparti sur dix équipes : ils avaient entre 10 et 15 000 euros, ce n'était pas énorme. Je disais régulièrement :

« N'essayez pas de comprendre le détail de ce que fait le biologiste ou le physicien, mais essayez de comprendre comment il pose les questions ». Et ça a bien marché, on a eu des gens qui avaient une bonne base en physique ou en maths, qui suivaient à l'époque le nouveau master de Luc Valentin, une grande gueule, fort sympathique. Il n'avait que quatre étudiants la première année.

- C'est donc là que les investissements dans le domaine de l'interface biologie – physique ont porté leurs fruits ?

- Oui. Les PIC ont très bien marché. Les meilleurs contacts, d'un point de vue expérimental, c'était avec les physiciens. Dans le bâtiment Lhomond (biologie cellulaire), toutes les équipes ont une partie de leur activité qui correspond à une interaction avec les physiciens. Et les physiciens sont devenus de bons biologistes ! Plus que l'inverse d'ailleurs. Ils ont tous le « Bruce Alberts » sur leur bureau, ils vont à des conférences, ils lisent beaucoup, ils écoutent beaucoup, ils sont découragés quand ils voient le nombre de molécules qu'il faut impliquer dans les mécanismes, car ils aiment bien qu'il y en ait 2 ou 3 et pas 20000 ! Ils ont beaucoup appris. Par exemple, dans le domaine de la polymérisation de l'actine. La bactérie *Listeria*, très étudiée à l'Institut Pasteur par l'équipe de Pascale Cossard, fut très importante. *Listeria* entre dans les cellules, échappe au système immunitaire et migre dans le cytoplasme en recrutant le système actine de la cellule hôte. Elle se déplace rapidement comme une comète avec une « queue » d'actine qui polymérise et dépolymérise. Ce modèle intéressait les physico-chimistes de Gif-sur-Yvette comme Marie-France Carlier ou Dominique Pantaloni, et également les physiciens de l'Institut Curie. L'idée des biologistes était assez naïve. Certains proposaient la métaphore d'un bateau qui aurait des troncs d'arbres et qui les balancerait dans la rivière : les troncs d'arbres, en se touchant mutuellement, faisaient avancer le bateau. Les physiciens qui mettaient en place la théorie des gels actifs, ont décidé de s'attaquer à ce problème. Ils avaient découvert que, contrairement aux polymères auxquels ils étaient habitués, polymériser des microtubules ou des microfilaments d'actine consommait de l'énergie. Que ces gels soient plastiques parce qu'ils dépendent de l'énergie était pour eux une nouveauté. Je me souviens qu'ils s'intéressaient - et s'intéressent toujours - beaucoup aux membranes biologiques. Jacques Prost a dit une fois : « Je croyais connaitre les membranes et je m'aperçois que ce sont des usines ! ». Ils ont donc découvert ce monde-là, et ils ont fait une théorie des gels actifs magnifique appliquée aux polymères d'actine. Pascale Cossard avait trouvé un mutant de la protéine Acta, de nucléation de l'actine sur les *Listeria*, qui avançait de façon saltatoire au lieu d'avancer de manière continue. C'est ici un bon exemple de deux cultures scientifiques. Jacques Prost dit un samedi matin, devant le « *Scientific Advisory Board* » de Curie, où l'on défendait le budget du PIC : « Je mets ma tête à couper qu'on sera capable de mimer ça avec la protéine sauvage et qu'on pourra reproduire ces soubresauts en changeant les paramètres du système ». Il était sûr de lui et c'est ce qu'ils ont fait. Et l'année suivante, ils expérimentaient avec des billes. Au début, ils ont essayé de faire des billes « Janus » avec, sur un seul côté, de la protéine Acta et de faire avancer les billes dans une « soupe » d'actine très contrôlée, préparée par Marie-France Carlier. Après, ils se sont aperçus que les billes pouvaient être totalement enrobées de protéine Acta ; le gel d'actine grossissait dans toutes les directions jusqu'à subir une brisure spontanée de symétrie qui faisait polymériser l'actine que d'un seul côté : ce n'était plus la peine de s'embêter à faire des billes « Janus » qui étaient difficiles à faire ! Jacques Prost connaissait bien la théorie des gels, il parlait de pression de gel, notion que personne ne connaissait en biologie. En gros, plus les gels grossissent, plus la pression est élevée. Il disait : « La bactérie n'avance pas en balançant ses filaments d'actine derrière elle, elle avance parce que la polymérisation de l'actine crée une pression du gel sur la bactérie, ce qui la fait avancer, comme un noyau de cerise avance sous la pression des doigts ; si on change les paramètres on va pouvoir attendre que la pression de gel soit suffisante pour provoquer le mouvement ». Ils ont fabriqué des billes plus grosses et ça n'a pas manqué : les billes se sont mises à avancer de manière saltatoire. Voilà, c'est pour moi un bel exemple que j'ai souvent donné aux jeunes pour dire combien les deux cultures étaient importantes et différentes. Quel est le biologiste qui pouvait penser à une pression de gel ?

- N'est-ce pas plus facile d'être formé en physique et ensuite travailler en biologie que l'inverse ?

- Si, bien sûr. Mais les physiciens doivent aussi éviter de plaquer un modèle de physique sur une réalité biologique bien différente ; par exemple, ils ont dû intégrer le fait que les gels biologiques dissipent de l'énergie. Les physiciens ont des notions de base qui leur permettent d'aborder les problèmes avec beaucoup plus de confiance. Il y a beaucoup de détails en biologie, beaucoup de protéines qui viennent de la longue histoire du vivant, mais ils savent ce qui n'est pas possible. Quand tu inventes un modèle qui n'est physiquement pas possible, ils te le disent tout de suite. Je repense à André Lwoff qui me disait : « Les physiciens vous disent d'abord que ce n'est pas possible, ensuite ils vous expliquent comment ça marche ». Je le racontais à Jacques Prost et ça l'énervait ! Mais c'est exactement ça, en fait. En tout cas, sur certains sujets à l'interface physique-biologie. Ce n'est pas possible avec notre compréhension actuelle de la physique, mais si ça se passe vraiment, il faut comprendre comment ça marche. André Lwoff pensait à l'époque aux nématocystes, ces structures urticantes des méduses et d'autres cnidaires, qui se terminent par des harpons, qui sont logés dans des cellules épithéliales et qui sont libérés avec une vitesse incroyable.

- Comme la paramécie, non ?

- Non, chez la paramécie, ce sont des trichocystes, c'est beaucoup moins rapide. Le nématocyste est une sorte d'ampoule contenant un harpon au bout d'un filament qui a une forme super-torsadée dans une sorte de doigt de gant, qui est éjecté en se déroulant en cas de stimulation. Les biologistes savaient mesurer et voyaient que cette vitesse était extrêmement rapide, et les physiciens disaient que dans un milieu visqueux, ce n'était pas possible. En réalité, c'est possible mais il faut l'expliquer ! Voilà, beaucoup de choses ressemblent à cela, et intellectuellement, c'est très agréable. Je pense même qu'on a créé une « école ». Bien sûr, d'autres centres existent, comme à Dresde. Un brillant chercheur travaillait avec Jacques Prost à l'époque, un théoricien allemand qui s'appelle Frank Jülicher. Avec Manuel Théry dans mon labo, on a travaillé avec lui sur une modélisation du fuseau mitotique. Il était brillant comme tout, chargé de recherche au CNRS, typique chercheur purement spéculatif ne s'occupant pas des aspects pécuniaires. Jacques Prost pensait qu'il était très brillant, et même qu'il aurait le prix Nobel un jour. Il est resté six ou sept ans à l'Institut Curie, et un jour Jacques Prost reçoit une lettre de la société Max Planck disant qu'ils voulaient recruter Frank Jülicher, demandant son avis sur le chercheur. Il n'a pas pu dire qu'il n'était pas bon et il est donc parti pour Dresde où il est maintenant directeur d'un Institut Max Planck consacré à l'étude des systèmes complexes, en interaction avec un autre Institut Max Planck consacré à la biologie et génétique moléculaires. Il dispose d'un gros budget, une trentaine de personnes travaillent avec lui, il est dans tous les « gros coups » et il connait la biologie. À l'Institut Curie, il écoutait les biologistes avec beaucoup d'attention, il posait des questions très précises, détaillées, sur tous les aspects, pour comprendre. C'est peut-être ce que certains physiciens ne font pas avec la même rigueur et humilité quand ils s'intéressent à la biologie.

- L'alternative aurait été de faire un Centre de biologie cellulaire à Gif-sur-Yvette en demandant à des neuro-biologistes de partir. Mais pourquoi ne pas construire un nouveau bâtiment ?

- C'est toujours pareil, il n'y avait pas les moyens. Il fallait qu'il y ait une volonté locale et des moyens supplémentaires. Et Constant Burg avait budgété de quoi retaper le building de la rue Lhomond. Au début, nous avions un tas d'idées, nous n'avons pas tout fait mais nous en avons fait beaucoup. Il existe des plateformes, un centre Nikon, il n'y en a pas beaucoup dans le monde. Je crois que ça a été une belle réussite, c'est à mettre beaucoup au crédit de Daniel Louvard, qui a eu la vision et l'énergie, et la manière pour la réaliser. On n'était pas d'accord sur tout, lui et moi, mais on était totalement d'accord sur des ambitions non subalternes. Dès le début, en 1996, j'ai été élu au conseil d'administration. Daniel était jugé chaque année au CA dont il n'était pas membre. En tant que directeur, chaque année, il faisait un rapport d'activité, un rapport moral, comme le directeur de l'hôpital. Nous avons fait quelques coups qui étaient un petit peu préparés. Nous étions trois chercheurs, et trois médecins élus, en plus des administrateurs nommés. Daniel avait beaucoup de poids au CA parce que ses rapports, très bien écrits, étaient lus de manière convaincante ; il y avait une dynamique de la recherche par rapport à l'hôpital. Et puis, la notoriété de l'Institut Curie commençait à monter beaucoup et à dépendre de la recherche plus que de l'hôpital. Aujourd'hui c'est différent, puisque ce n'est plus la même direction à la recherche, et parce que l'hôpital a de grosses ambitions avec le nouveau président, Thierry Philip, lui-même cancérologue. La fusion avec le centre de Saint-Cloud s'est concrétisée. Le nouveau directeur veut l'autonomie de chacun des campus, Saint-Cloud, Orsay et Paris. Et il y a un gros projet immobilier en cours. Finalement, l'aventure de la rue Lhomond dure depuis plus de 24 ans. Je suis resté 18 ans au CA. Le CA n'existe plus, une réforme a mis en place de nouvelles institutions. On va voir ce qu'il va se passer maintenant.

- Nous avons déjà vu plusieurs aspects concernant la construction et le fonctionnement de l'Institut de biologie cellulaire à Curie et les enjeux politiques et scientifiques. Mais qu'est-ce qui est particulièrement spécifique à l'Institut Curie, et quels sont les projets qui ont été pensés mais qui n'ont pas pu se faire ?

- On avait des projets variés, on voulait que la recherche avance de telle façon, mais elle n'avance ou ne progresse pas souvent comme ça. On voulait mettre en place une recherche qu'on appelle en franglais translationnelle, c'est-à-dire, comment faire pour accélérer le passage de la recherche fondamentale à la recherche clinique. Et ça, ça n'a pas marché à l'époque, parce que c'est très difficile et parce que personne ne sait faire. En fait, il n'y a pas de règle, il faut qu'il y ait de bons médecins et de bons chercheurs qui se retrouvent, qu'ils s'aperçoivent qu'ils ont des choses à s'apporter mutuellement. Actuellement, les choses ont progressé ; il y a un directeur de la recherche translationnelle, Sergio Roman Roman, et de grands projets au niveau européen avec des gens compétents pour les mettre sur pied. Avant, on avait essayé petit à petit « d'évangéliser », j'emploie ce mot-là parce que c'était aussi naïf que ça, d'apprendre aux médecins où en était la recherche fondamentale. C'était Jean-Paul Thiery qui organisait des conférences à l'hôpital qu'on devait présenter chacun son tour. J'ai fait une série sur le cycle cellulaire, et je voyais ces braves médecins et infirmiers d'un certain niveau, à partir de 17h. Ils s'étaient levés aux aurores, ils avaient visité leurs patients, assuré les consultations, et on leur racontait des choses un peu abstraites et loin de leurs préoccupations quotidiennes. C'est un tout autre métier d'être médecin d'hôpital, et donc j'en voyais qui m'écoutaient en pensant « Cause toujours » et d'autres qui s'endormaient, ce que je comprenais. Le directeur du département d'oncologie, qui réalise les chimiothérapies, qui serait le plus proche pour comprendre le cycle, m'avait dit : « Il y a quelques années, j'ai fait l'effort de lire les articles sur l'état de la science concernant le cycle cellulaire et les tumeurs. Trois ans après, j'ai vu que tout était différent encore ! Alors j'ai décidé de me débrouiller avec mes malades ! ». Voilà, c'est ça qu'on n'a pas réussi pendant cette période. Jean-Paul Thiery était très intéressé par ce secteur mais il a fait peur aux médecins, il voulait tout régenter, et parfois il se prenait pour un médecin. Il y a eu des tas de conflits et finalement, il a été obligé de lâcher et il est parti à Singapour.

3. Sur la politique et le financement de la recherche en France.

- Et sur la politique de la recherche ? Et sur le financement, le nerf de la guerre ?

- Le financement de la recherche est une question éminemment politique. J'ai été confronté à cette question dans le cadre d'actions collectives. Beaucoup de gens dans le milieu recherche, avaient une affiliation syndicale. Le choix était simple : soit un syndicat de chercheurs (SNCS), majoritaire, dans une Fédération autonome de l'Éducation Nationale (FEN), donc corporatiste par définition, mais souvent agissant avec la confédération ouvrière CGT, soit un syndicat (SGEN), minoritaire chez les chercheurs, bien représenté dans les autres catégories, rassemblant des personnes de toutes catégories dans le cadre de la confédération ouvrière CFDT. À l'époque la CGT était la courroie de transmission du Parti Communiste qui était très stalinien, ce qui était pour moi rédhibitoire, même s'il y avait beaucoup de gens bien affiliés au syndicat majoritaire. La CFDT commençait à être importante pour la deuxième gauche. Edmond Maire et des personnes comme lui étaient *a priori* beaucoup plus intéressants, et mettaient en avant l'autogestion. Je me suis affilié au syndicat minoritaire. Un jour, je ne sais plus en quelle année, sous la présidence de Giscard d'Estaing, on m'a demandé : « Est-ce que tu accepterais d'être sur une liste syndicale pour la commission du CNRS ? ». Je n'en avais pas envie, mais on m'assurait que je n'avais aucune chance. L'élection s'effectuait au plus fort reste : tant de voix faisait un poste, et le plus fort reste obtenait le poste suivant. Avec un reste de 17 voix (!), je me suis retrouvé en commission comme élu. Nous nous sommes battus contre les ordonnances d'Alice Saunier-Seïté qui était secrétaire d'État aux Universités. Les bagarres de l'époque étaient extrêmement violentes et idéologiques et j'étais très impliqué. Un détail me revient qui situe bien l'époque :

beaucoup de membres de la commission fumaient pendant les réunions ; il y avait un gros cendrier tous les deux mètres, c'était l'enfer pour ceux qui ne fumaient pas. Avant de faire son rapport, le rapporteur allumait souvent une cigarette. Puis la gauche est arrivée au pouvoir avec François Mitterrand. Jean-Pierre Chevènement, qui était ministre de la Recherche, a fait passer comme une lettre à la poste des lois que défendait Alice Saunier-Seïté. C'est la première chose qui m'a fait prendre de la distance vis-à-vis de l'action politique, je me suis dit : « Merde ! On s'est battus comme des diables contre ça, et résultat, on nous le fait passer parce que c'est une autre majorité ! ».

- Ce que tu racontes me fait penser à ce qui s'est passé plus récemment, avec Valérie Pécresse et Nicolas Sarkozy qui créent la loi LRU (Loi relative aux libertés et aux responsabilités des Universités). La gauche revient au pouvoir en 2012, et plutôt que de remettre en question la loi et ses applications, ils poursuivent de plus belle sur ce terrain !

- Oui voilà, c'est exactement ça. Pendant quatre ans, je ne me suis pas présenté à la maitrise de recherche pour ne pas être soupçonné de favoritisme. Pour je ne sais quelle raison, on nous a fait rester une année de plus, et là, je me suis présenté et je suis devenu maître de recherche (DR2). À l'époque, j'étais à Pasteur, où il y avait aussi beaucoup de bagarres : Jacques Monod était directeur, et l'Institut avait des difficultés financières. Des licenciements ont eu lieu dans certains secteurs. Monod voulait faire une opération immobilière en transférant l'Institut Pasteur à Garches, où Pasteur avait des terrains et des laboratoires. Je me souviens qu'en assemblée générale, François Jacob, qui était contre ce projet, avait dit : « On ne déplace pas plus l'Institut Pasteur qu'on ne déplace la tour Eiffel ». C'était épique ! J'avais un article sur l'isolement de l'enveloppe nucléaire par l'héparine qui était quasiment accepté dans une bonne revue américaine, moyennant quelques révisions. Il n'y avait pas de date limite pour soumettre la version révisée : j'ai mis deux ans exactement à le faire ! C'est la seule fois où cela m'est arrivé, et ce ne serait évidemment plus possible aujourd'hui ! Les manips nécessaires ont été faites par Jean-Claude Courvalin, qui était venu au laboratoire. Il a donc légitimement co-signé la publication… deux ans plus tard ! Pendant ces deux ans, beaucoup d'actions collectives avaient eu lieu. On faisait beaucoup de recherche en même temps, mais les expériences en souffraient quand même. Je regrette d'avoir perdu du temps avec certaines personnes, mais pas l'action globale, même si des erreurs ont été commises. Et je me suis retrouvé ensuite, plusieurs années plus tard, nommé deux fois quatre ans dans une commission du Comité National du CNRS. Je m'étais dit qu'avec ce que j'avais accompli pendant mon mandat d'élu, je ne serais jamais nommé. Pourtant, je reçois la lettre de Jacques Demaille me disant que j'étais nommé. Je n'en revenais pas, parce qu'on s'était bagarré méchamment. Le président de l'ancienne commission était un endocrinologiste de l'hôpital Sainte-Anne, Claude Kordon, syndiqué au SNCS. Il était très sympathique mais au moment de la bagarre sur les ordonnances d'Alice Saunier-Seité, pour défendre l'unité de sa commission, il avait pris l'autre parti, et on s'est opposés. On se tutoyait et à un moment, je lui ai dit : « À partir de maintenant je vous vouvoierai ! », et jusqu'à la fin, je l'ai effectivement vouvoyé. C'était très violent, c'était sérieux. Quatre ans après, j'ai été nommé à nouveau. La direction des Sciences de la Vie du CNRS avait changé. Il y avait quatre sous-disciplines dans la commission : la virologie, la biologie cellulaire, la neurobiologie et l'immunologie. C'était très intéressant sur le plan scientifique. J'avais gardé le regret, dans mon mandat d'élu quelques années plus tôt, d'avoir été un peu naïf. Je défendais un peu systématiquement certains dossiers qui n'étaient pas toujours excellents. Mon point de vue de l'époque était que l'élitisme n'avait pas fait la preuve de son efficacité, ce que je crois toujours, mais pas au point de défendre des dossiers qui étaient en dessous du niveau. Nommé à nouveau dans la même commission du Comité National du CNRS, Claude Paoletti, qui était le nouveau directeur des sciences de la vie après Jacques Demaille, et avec qui j'avais par ailleurs des relations à propos de la biologie cellulaire, voulait absolument que je sois président de la commission. Je lui avais répondu : « Jamais de la vie, je suis incapable de faire ça, et ça prend trop de temps ». « On vous donnera une secrétaire », avait-il répondu. Il voulait que je candidate parce qu'il y avait un autre candidat mis en avant par l'intersyndicale qui était un virologiste de l'hôpital Saint-Louis, dont pour je ne sais quelle raison il ne voulait pas comme président de commission. Le sous-directeur, Bernard Jacrot, un physicien de Grenoble, me téléphonait tous les jours : « Il faut que vous acceptiez ! ». Je discute avec une technicienne de mon laboratoire, syndicaliste élue dans la commission. Ils s'étaient réunis avant l'élection du président et la consigne était de tous voter pour l'autre candidat. Je fais le compte des voix, je n'avais aucune chance. Je réponds alors à la direction du CNRS que j'étais d'accord pour être candidat à la présidence, et animer le débat en tant que tel. J'ai effectivement animé en tant que candidat la première réunion avant le vote, quand tout le monde se présente, puis discute des questions d'orientation, ce que fera le candidat-président, etc. Le débat a duré deux à trois heures et a été de très bon niveau. Et au vote, c'est l'autre candidat qui a été élu : j'aurais été catastrophé que ce ne soit pas le cas !

- Donc, tu n'étais pas déçu ?

- Je n'étais pas déçu de ne pas être président et je n'étais pas déçu par la discussion qui avait été de bon niveau. Mais je me suis retrouvé au bureau de cette nouvelle commission. Le bureau distribuait les dossiers à expertiser. Il avait donc un réel pouvoir. On le savait, il y avait des « bons » et des « mauvais » rapporteurs. Un bon rapporteur arrivait à faire passer à peu près ce qu'il voulait, à convaincre la commission, parce qu'il faisait ses rapports sérieusement, les défendait de manière argumentée, à condition bien sûr que ce soit un bon dossier. Mais il y avait des rapporteurs qui étaient catastrophiques, qui auraient saboté n'importe quel dossier : ils hésitaient, lisaient leur rapport d'une manière telle qu'il était évident qu'ils connaissaient mal le dossier, et évidemment, c'est le candidat qui en subissait les conséquences. On donnait donc les dossiers sans enjeu, à des rapporteurs dont on savait qu'ils n'étaient pas les plus compétents. Je me souviens d'un tel rapporteur : il avait un dossier qui parlait du nématode *C. elegans*, ver rond utilisé comme modèle de développement. Je savais que ce n'était pas sa spécialité, mais je pensais que c'était une bonne occasion pour lui d'en apprendre. Je n'imaginais pas qu'il n'avait jamais entendu parler des nématodes. J'étais assis à sa droite et je l'entends lire son rapport en parlant de « nématopode » ! Je lui dis à voix basse « nématode ». Imperturbable, il continue sa lecture, et reparle du « nématopode ». Alors son voisin de droite dit tout fort : « C'est le ver(re) à pied !». Éclat de rire général, à l'exception du rapporteur qui n'avait pas compris.

- Et il a présidé la commission correctement ?

- Oui, très correctement, il faisait attention à ce qu'on disait, en tenait compte. Il était intéressant. Là où il y avait parfois un problème, c'est que lui et l'autre virologiste de la commission étaient rarement d'accord sur les dossiers de virologie, ce qui ne facilitait pas les choses pour les non virologistes. Mais nous étions d'accord au bureau et il avait de l'estime pour moi. À la fin, en partant, il m'a offert le livre *Ecuador*, d'Henri Michaux, « en toute amitié ».

- Plus tard, tu as continué à avoir des responsabilités de ce type ?

- Siéger comme nommé en commission m'a quand même pris huit ans. Huit ans d'angoisses et d'insomnies car c'est une responsabilité. J'ai aussi pendant quatre ans été président d'un comité thématique physique-biologie, mis en place conjointement par le CNRS et le ministère de la Recherche. Il était composé pour moitié de physiciens ou chimistes et pour moitié de biologistes. J'avais accepté de présider ce comité parce que c'était quand même beaucoup plus léger que président de commission.

- Quel était ton rôle ?

- Distribuer à bon escient de l'argent qui venait du ministère et du CNRS.

- Toujours pour des projets de recherche mixtes ?

- Oui. C'était une bonne expérience, ça m'a fait rencontrer des gens que je ne connaissais pas, des gens de Grenoble, de Rennes, de l'ENS et d'ailleurs. Je me souviens qu'avec les chimistes c'était plus difficile, parce qu'ils ne voulaient surtout pas être des prestataires de service qui synthétisaient des molécules. Aussi parce que j'avais eu le malheur de dire dès le début : « On attend beaucoup de vous, les chimistes, pour nous fabriquer des censeurs d'activité », j'ai eu droit à des protestations véhémentes. Cela dit, je n'ai pas toujours compris comment ils voyaient le rôle de la chimie. Je ne me souviens plus du budget parce que c'est le genre de chose que j'évacue. On se réunissait deux fois par an et le mandat durait quatre ans. C'était difficile de refuser cette responsabilité car justement, je me battais pour ce genre de rapprochement des disciplines. Et cela s'est bien passé, je crois que nous avons fait les choses assez correctement. De jolis projets ont été financés, et le comité comptait des chercheurs brillants parmi ses membres. Une journée « prospectives physique-biologie », organisée au CNRS, pour parler de l'avenir de ces partenariats, a aussi été un grand succès. J'ai fait une présentation qui je crois a été publiée par le CNRS.

- C'était en quelle année ?

- Avant 2010. J'ai expliqué comment je voyais les choses et on a beaucoup discuté. J'ai passé beaucoup de temps dans ce genre de projets. La Société de biologie cellulaire de France (SBCF) a organisé également une journée, ils m'ont demandé de parler de l'avenir de la biologie cellulaire en France, l'avenir de la discipline et de la recherche elle-même. Je l'ai fait, j'ai encore toutes ces présentations.

- Des rôles plus politiques t'ont été proposés ?

- Oui, plusieurs fois, mais je n'ai jamais été intéressé. Au moment de « Sauvons La Recherche », en 2005, j'ai été très impliqué. On ne pouvait pas se désintéresser du sort fait aux jeunes chercheurs. On avait voté à 80 % pour Jacques Chirac en 2002 pour éviter Le Pen, mais on était quand même un peu verts de le voir continuer comme avant ! Ceci dit, dès 2003, je me suis posé la question sérieusement quand Jacques Chirac et Dominique de Villepin ont refusé d'envoyer des troupes françaises en Irak : qu'aurait fait Lionel Jospin ? Et je ne suis pas sûr qu'il aurait dit non, parce que François Mitterrand était allé soutenir les Américains dans la première guerre du Golfe et les socialistes sont souvent des va-t-en-guerre. Comme quoi, des fois... Mais en 2004, Chirac proposait ni plus ni moins d'appliquer le programme de l'UNI, ce « syndicat » qui souhaitait depuis longtemps dissoudre le CNRS et l'INSERM et vendre les « meubles » aux enchères. Et il annonce qu'il avait supprimé 500 postes dans la recherche. C'est de là qu'est né le mouvement. Nous avons reçu un message d'Alain Trautman nous disant que c'était scandaleux et proposant une réunion à l'Institut Cochin. C'était en décembre 2003. Le gouvernement voulait réellement casser le CNRS. Nous nous sommes retrouvés une quarantaine dans un amphithéâtre d'anatomie à Cochin. Un groupe de chercheurs de l'Institut Curie, des chercheurs de l'Institut Pasteur, de l'Institut Cochin et d'autres. Cherchant quoi faire pour s'opposer, nous avons décidé qu'il fallait faire un « appel au peuple » et agir. Dans cet appel on proposait une grève administrative ; on bloquait le système, tous les responsables arrêtaient de faire le travail pour l'administration. C'était Bruno Goud qui avait proposé cette belle idée. Dans les jours qui ont suivi, nous avons reçu un texte écrit par Alain Trautman dont le titre était : « Le silence des agneaux ». C'était un texte de protestation en faveur de la recherche, mais ressemblant à un tract syndical, avec en plus ce titre discutable ! « Est-ce que vous êtes d'accord pour envoyer ça ? », écrivait-il. Je n'étais pas d'accord et j'ai passé la nuit à tout réécrire en mettant comme titre : « Sauvons la recherche ». Je l'ai envoyé à Alain Trautman en lui disant qu'il fallait le soumettre aux autres. Et c'est comme ça que le texte que j'avais écrit a été pris. Tout en gardant des phrases de Trautman, le ton était changé pour que les gens, syndiqués ou non, responsables ou non, signent le texte. Nous avons eu un soutien massif, et ça s'est terminé par cette fameuse cérémonie à l'Hôtel de Ville où tout le monde a remis sa démission, ce qui a paralysé le système. De nombreux contacts avec les politiques, dont Jean-Pierre Raffarin, premier ministre, avaient lieu également. Cette démission a fait beaucoup de bruit, même au niveau international : la BBC, la presse internationale, tout le monde soutenait. Huit jours après avaient lieu les élections régionales, et la droite a subi une sévère défaite. Une enquête d'opinion a révélé que le mauvais traitement fait à la recherche avait été un facteur important dans l'opinion. Tout le monde avait compris qu'avec une recherche de « bas étage », on n'irait pas loin. Enfin, dans la semaine qui a suivi, nous avons récupéré les postes de chercheurs. Et le premier ministre a dit : « Oui, j'ai compris le théorème de la bougie ». On lui avait expliqué que ce n'était pas en améliorant la bougie que l'électricité avait été inventée ;

mais par un type qui s'appelait Volta et qui s'amusait à faire des piles. On leur avait fait un cours de base. Et pourtant, ça continue pire que jamais. Les politiciens sont scandaleux. Avec la gauche revenue au pouvoir en 2012, nous avons régressé, c'est vraiment choquant. Georges Pompidou disait : « Financer la recherche, c'est comme avoir une danseuse », ou Laurent Fabius : « Financer la recherche, c'est comme arroser du sable ». Et aujourd'hui, on constate ce qu'ils font : des calculs à courte vue. La France est un pays de notaires et d'administrateurs, elle a pourtant eu une grande histoire en recherche, et d'une certaine façon, elle l'a toujours, mais il n'y a pas cette constante qu'ont les Anglo-Saxons, le respect de la connaissance.

- Les leitmotivs qui reviennent ce n'est plus la recherche, et en particulier la recherche fondamentale, mais l'innovation, l'excellence, ce genre de vocabulaire.

- Oui, c'est ça. Et aussi, il faut que cela serve à la société. On voit pourtant qu'en Allemagne ou en Suisse également, ils investissent toujours plus dans la recherche.

- Et en Angleterre ?

- En Angleterre, ils ont eu de la chance. S'ils n'avaient eu que Margaret Thatcher, cela aurait été un massacre. Mais ils ont eu le « Welcome Trust » qui était un coup de bourse extraordinaire pour eux. Je crois qu'ils ont 150 milliards de fonds, c'est énorme. À l'époque de la présidence de Jacques Chirac, le budget de l'Inserm correspondait à l'augmentation annuelle du budget américain. En France, je crois que culturellement, les politiques sont loin de la recherche, ils sont beaucoup plus près des financiers, des notaires, de la gestion et du management, et puis le fait que les chercheurs ne soient pas des gens d'argent, qu'ils acceptent des salaires faibles à leurs yeux, et qu'en plus, ils osent dirent qu'ils prennent leur pied, c'est insupportable !

4. Le métier de chercheur et le choix d'une discipline

4.1. Le cœur du métier

- Pour aller un peu plus loin sur les gratifications du métier de chercheur, tu as rappelé que le salaire n'est pas élevé. Qu'est-ce qu'il y a d'autre ? Qu'est-ce qui fait qu'un chercheur est un chercheur, et *a fortiori* un bon chercheur ?

- Tu le découvres après sept ou huit ans de recherche. Certains commencent à s'ennuyer, ils prennent des responsabilités et ils changent doucement de métier. C'est-à-dire qu'ils n'ont plus l'angoisse du chercheur devant son cahier de « manips ». Et petit à petit, ils parlent de la recherche, mais ils n'en font plus, ils l'administrent. Ça ne fait malheureusement pas forcément d'excellents administrateurs, parce qu'ils n'ont pas été formés pour ça. J'en ai vu beaucoup changer doucement de métier, et en plus, le système français pousse à ça. Dans les pays anglo-saxons, les chercheurs sont aidés et déchargés du point de vue administratif. En France, dans les laboratoires entièrement CNRS, beaucoup de travail administratif est fait par les acteurs même de la recherche.

- Ceux-là, ce sont souvent des chercheurs qui font de belles carrières de responsables. Mais les « vrais » chercheurs, qu'est-ce qui les gratifie ?

- Je vais prendre un exemple. Un grand chercheur comme François Jacob n'a jamais accepté un vrai poste de responsabilité, jamais ; ça l'aurait distrait de ce qui l'intéressait vraiment. Il a eu beaucoup de postes mais jamais un poste de gestionnaire. Il a refusé la direction de l'Institut Pasteur, mais on lui demandait son avis sur tout, et il n'avait pas à s'occuper avec la gestion. Quelle est la gratification de ce métier ? Et bien, c'est la curiosité. Je pense qu'on ne vit que lorsqu'on apprend. Comme dit le proverbe japonais : « On commence à vieillir quand on finit d'apprendre ». C'est pour ça que lorsqu'on est enfant, les jours durent si longtemps. C'est parce qu'on apprend tout le temps. Quand on commence à s'enkyster, le temps passe vite parce qu'on n'apprend plus. Je l'ai dit précédemment, choisir ce métier, c'était contrecarrer une angoisse ; celle de toujours faire la même chose toute ma vie, jusqu'à ma retraite, une angoisse totale. Et je pense d'ailleurs que le vivant fonctionne comme ça : le vivant fonctionne en explorant en permanence, et c'est même comme ça qu'il a réussi. Il existe une école de robotique, dont le leader en France s'appelle Pierre-Yves Oudeyer, qui conçoit des robots curieux, « *curiosity-driven* »[13]. Ce sont des chercheurs de l'INRIA qui ont construit un beau « software » : le robot fait un peu plus que ce qu'il sait faire, pas beaucoup plus, sinon ça ne marcherait pas. Le robot a un corps, par exemple un corps qui ressemble au corps humain, et ses concepteurs le font bouger. Si le robot rencontre quelque chose, il le détecte, et il l'intègre. Il ne réessayera plus dans cette direction et à cette distance. Petit à petit, il intègre l'environnement. Ils vont même plus loin, ils créent des langages. Il fait un bruit dans une direction, et si ça ne répond pas, il ne le fera plus. Si au contraire, il le fait dans une direction où ça répond, il va commencer à échanger et à inventer un langage. De manière remarquable, ils s'inspirent beaucoup de la biologie : par exemple quand un enfant passe du déplacement à quatre pattes à la position debout. Ils se demandent pourquoi un enfant joue avec un hochet pendant quelques mois, après quoi, ça ne l'intéresse plus. Je pense en effet que le vivant fonctionne par curiosités successives, en essayant toujours d'en savoir plus. Ces roboticiens disent que selon le corps qu'on a, on n'a pas le même environnement. Un serpent et un mille-pattes n'ont pas le même environnement. Oudeyer écrit qu'on pourra par

---

[13] Pierre-Yves Oudeyer. Aux sources de la parole. Auto-organisation et évolution. Ed. Odile Jacob, 2018.

exemple faire des expériences en mettant une tête de serpent sur un lapin ! La grande gratification du métier de chercheur est que tu veux toujours en savoir un peu plus, tirer le rideau pour voir un peu plus ce qui se cache derrière. C'est tout. Mais c'est beaucoup. Et c'est sûr que c'est une passion. Un « vrai » chercheur est quelqu'un qui est passionné par ce qu'il fait parce que ça le nourrit. Je sais en tout cas que ce que je fais nourrit ma réflexion. D'ailleurs, lorsqu'on quitte le laboratoire, on est malgré tout toujours dedans. Après, chacun vit avec son expérience personnelle, son histoire qui n'a rien à voir avec la science. J'ai eu souvent cette idée qu'il ne fallait pas se coucher le soir sans avoir appris quelque chose dans la journée, c'était un peu ça la règle. Ce qui est plutôt étrange, c'est de savoir pourquoi on est plutôt biologiste, plutôt physicien, ou matheux ou sociologue. C'est ça qui est mystérieux, comment on choisit sa discipline ?

- Il n'y a probablement pas de règle, il y a plein de façons de choisir sa discipline : les rencontres, les professeurs…

- Oui, mais il y a quand même un goût. Par exemple, les bons physiciens aiment bien les problèmes où il n'y a pas trop de paramètres. Je me souviens de Pierre-Gilles de Gennes qui disait : « Moi, dès qu'il y a plus de trois paramètres, je suis perdu ». Si tu aimes le vivant, il faut que tu abandonnes cette idée-là. Pourquoi tu aimes le vivant ? Pourquoi tu t'intéresses à une petite bête qui court et à ce qui se passe en dessous de sa cuticule? Pourquoi la cellule t'intéresse ? Cela peut être très personnel ; ça me renvoie personnellement aux questions que je me pose dans la vie de tous les jours ; je fais souvent intérieurement des parallèles entre la cellule, « le vrai cerveau », dans son environnement, et mon rapport au monde. C'est une question importante de savoir pourquoi on choisit une discipline plutôt qu'une autre. Par exemple, les matheux, c'est vers 15 ans qu'ils deviennent des grands matheux ; avant on ne le détecte pas forcément. C'est à l'adolescence, quand le cerveau se refait complètement, que ces capacités apparaissent.

- À la fin du collège ?

- Oui, vers 15 ans. Tout à coup, des ados se baladent dans un imaginaire insensé, et sont très à l'aise là-dedans. Ça c'est mystérieux. Je ne pense pas que ce ne soit qu'une question de rencontre, c'est aussi une question propre à l'individu. Pourquoi la biologie est intéressante ? Je ne dis pas qu'elle est plus intéressante, mais qu'elle est tout de même centrale ; c'est que nous sommes nous-mêmes des objets biologiques essayant de comprendre le monde. Dans l'avenir, la biologie sera une discipline où se rencontreront les matheux, les physiciens, les chimistes, tout le monde fera d'une façon ou d'une autre de la biologie. Plus on saura et plus on sera renvoyés à nous-mêmes : qu'est-ce que c'est que comprendre, que penser ? Certains brillants théoriciens, comme Howard Pattee, posent à mon avis la bonne question : « Comment une molécule peut devenir un symbole ? ». Dans le code génétique, par exemple, comment d'un côté, on a une molécule, de la chimie, et de l'autre, un code qui a une signification pour les mécanismes cellulaires ? Ce sont des vrais problèmes, vraiment fondamentaux qu'on ne pourra se poser que si on connait un minimum de biologie. Ainsi, je crois que la curiosité est très gratifiante, qu'elle aide à vivre. C'est comme un fan qui a un hobby et qui dépense un fric fou pour sa passion ; l'argent n'a pas d'importance par rapport à l'enjeu qu'il met sur certaines choses.

- Chercheur est un métier formidable parce que cette curiosité, en effet, peut s'exprimer et se développer. Mais elle est souvent canalisée. Le chercheur, pour être un spécialiste d'un domaine, travaille sur des questions très précises, très spécialisées. On lui rappelle souvent de se concentrer sur sa question. En conséquence, il peut effectivement devenir spécialiste d'un sujet ou d'un domaine, mais ignorer 98 % de ce que la planète a produit de connaissances. C'est assez frustrant. J'ai l'impression que cette curiosité du chercheur le rend assez monomaniaque, et ce n'est pas péjoratif.

- Pourtant, dans une discipline donnée, tu ne peux pas être pointu dans un domaine sans négliger totalement les autres, tu es obligé. Mais c'est en approfondissant un domaine que tu touches à tous les autres d'une certaine manière, que tu comprends que d'autres puissent approfondir d'autres domaines, et que tu peux dialoguer avec eux. C'est un peu ce que disait Miguel de Unamuno quand il disait qu'il ira connaître le monde quand il connaîtra à fond la Castille !

- Mais malgré tout, ce n'est pas frustrant ?

- Si c'est frustrant, comme toute limitation. La biologie, c'est très vaste, tu ne peux pas être spécialiste de tout, tu dépends des autres, de l'information que te donnent les autres. Petit à petit, tu apprends à faire confiance à certains plus qu'à d'autres. Mais la biologie peut être appréhendée de deux façons différentes. Tu étudies des mécanismes pendant dix ou vingt ans, tu as toujours à découvrir pour savoir « comment ça marche » ; et ça, c'est aux dépens d'une connaissance plus large. Mais tu peux aussi faire les choses autrement. Des gens qui travaillent sur l'Évolution, par exemple, ne connaissent rien aux mécanismes. La difficulté, c'est d'être honnête avec soi-même et avec sa curiosité vis-à-vis d'une discipline. Si ta curiosité c'est simplement une manie, tu as des gens qui se limitent à ce qui les sécurise, à quelque chose qu'ils connaissent bien et qu'ils dominent, et ça leur suffit. Tu en as d'autres qui veulent toujours en savoir plus. Me concernant, en ce moment, je m'intéresse beaucoup à l'Évolution parce que je sais que c'est là que l'on comprendra des choses importantes. Mais, c'est vrai, on ne peut pas être bon dans tous les domaines. C'est sûr que c'est frustrant et c'est peut-être parce que c'est frustrant, parce que c'est mutilant, que les chercheurs défendent leur discipline comme des chiens défendent leur territoire. Je me souviens de débats auxquels on m'avait convoqué, en présence de deux collègues, enseignants-chercheurs. Ils prétendaient qu'il n'y avait que la biochimie et la biologie moléculaire, qu'ils enseignaient, en tout cas qu'elles étaient supérieures aux disciplines dites intégratives comme la physiologie et la biologie cellulaire. Ils mettaient une telle hargne dans le débat qu'on ne pouvait l'expliquer que par le fait que leur opinion les sécurisait par rapport à leur ignorance des autres disciplines qu'ils voulaient ignorer. Ils étaient capables de calculer le Km d'une enzyme, mais ils ne voulaient pas en savoir plus. Le pire, c'est que l'un des deux, le plus pugnace, a pris sa retraite prématurément. Un jour, il a dit : « Demain, je pars, j'ai tout réglé », et ce n'était pas pour des raisons de santé. Je le rencontre à l'enterrement d'un collègue quelques années plus tard, et je lui dis : « Tiens, qu'est-ce que tu deviens, qu'est-ce que tu fais, tu continues à suivre un peu ? ». « Pas du tout, je joue au bridge, au golf ». Ainsi ce chercheur borné, qui nous avait accablés pendant des heures avec sa théorie, avait tout abandonné pour jouer au bridge ! La curiosité nourrit. Je sais bien que dans les moments de questionnement, tu vois le temps qui passe et l'arrêt de l'arbitre qui se rapproche. Justement, j'aime bien lier les deux, ce qui m'intéresse en biologie et ma vie de mortel. Ce que je trouve bien dans ce métier, c'est que tu repères tout de suite les vrais chercheurs des gens moins impliqués. Ce que je trouve formidable, c'est que tu vas à l'autre bout du monde, tu rencontres des gens que tu ne connais que par la littérature, des gens que tu n'as jamais rencontrés, et au bout de trois minutes, tu leur parles comme si tu les connaissais depuis toujours. Je trouve ça super. Et tu sens les gens qui ont vraiment une passion, que tu partages éventuellement avec eux sur plusieurs sujets, et ceux qui ne l'ont pas.

- Et sur la reconnaissance, sur les récompenses des chercheurs ?

- Pour moi c'est la maternelle, c'est enfantin les médailles ou les prix. On se rassure avec ça. Alors que le vrai juge de sa recherche, c'est soi-même. On sait quand on touche quelque chose d'important. Bien sûr, à condition de ne pas être complètement paranoïaque !

- L'histoire de Jacques Benveniste sur la mémoire de l'eau, tu ne crois pas qu'il était sincère avec lui-même, qu'il pensait avoir touché quelque chose d'important, de révolutionnaire ?

- Il était délirant, complètement. Quand on met en évidence quelque chose de tellement révolutionnaire que cela remet en cause les lois de la physique et de la chimie telles qu'on les a identifiées depuis deux cents ans, la première chose qu'on fait, c'est de trouver une méthode alternative pour mesurer les mêmes choses. Or, dans son équipe, ils n'ont jamais changé de méthode. Il s'est appuyé sur des données foireuses, et il était financé par l'homéopathie, par Boiron. Un des premiers rapporteurs contactés par la revue *Nature* était l'immunologiste Marcus Metzger. Il avait dit : « Si c'est vrai, ça doit être fait par une autre méthode ». Lui-même avait réalisé des expériences, en utilisant un traceur radioactif, et il avait montré que ce n'était pas vrai. Ils le savaient à *Nature*, bien sûr. Ils ont publié l'article de Jacques Benveniste, non pas comme un article scientifique, mais comme une « publicité ». Et ils savaient qu'après, ils allaient revenir et démonter les résultats. C'était un coup monté par John Maddox. Mais ce qui était scandaleux, et grotesque, c'était le nombre de Français, de responsables de l'Inserm et autres, qui ont soutenu sans précaution Benveniste, qui ont attaqué, qui ont dit que la revue *Nature* était antifrançaise, etc. Et puis le journal *Le Monde* également, qui a pris parti et qui a soutenu énormément.

- Je prenais cet exemple pour dire que, d'un côté je suis d'accord avec toi, le meilleur juge c'est soi-même, mais que beaucoup de gens ont besoin de récompenses, de médailles ou du moins de retours positifs.

- Bien sûr, tu as besoin d'être crédible, et tu n'existes que sous le regard des autres, je suis d'accord. Mais quand tu n'es pas délirant et à peu près bon et respecté dans ton domaine, le vrai juge des progrès, c'est soi-même. On le voit par exemple quand on fait un séminaire si on a quelque chose de costaud, même si ce n'est pas définitif. On sait si on touche quelque chose ou pas.

- Mais quand on touche quelque chose qui est important, ou qui paraît important ?

- Qui te paraît important. Alors si bien sûr, tu es délirant, c’est autre chose. J'ai rencontré Jacques Benveniste peu de temps après, il était un des premiers à avoir un téléphone portable, et il m'a dit : « Tu vois, le monde entier m'appelle ! ».

- Cette question pour moi est importante, elle touche à l’intimité du chercheur. À travers ton parcours, de mon point de vue, il y a une sorte de tracé, clair et logique. Même s’il y a des changements, on l'a vu, tu n'es pas quelqu’un qui s'est installé géographiquement, dans un Institut renommé et qui, cinquante ans plus tard, travaille au même endroit. Tu as travaillé à plusieurs endroits, et les questions ont également évolué. Même si cela fait longtemps que tu es préoccupé par le centrosome. C’est pour cela que ton témoignage me paraît important, par rapport à ton propre parcours, et par rapport au parcours des chercheurs que tu as rencontrés. Pour le dire autrement, une carrière entre 1970 et 2019 ne sera pas la même qu’entre 2000 et 2050 pour un chercheur en biologie. Ce n'est pas juste sa personnalité, sa curiosité ou son envie. L'environnement, en général, et les circonstances vont aussi jouer un rôle important.

- Tout à fait d'accord.

- Par conséquent, qu'est-ce qui te permet aujourd'hui d'être en accord avec ton travail et de dire que tu es sur la bonne voie ?

- C'est une bonne question. Je pense qu'il faut d'abord avoir marché un moment, il faut avoir avancé dans la carrière. Quand tu es jeune, tu peux prendre des vessies pour des lanternes, tu peux t'emballer pour des choses qui ne tiennent pas la route. Quand tu as lu un peu, quand tu as vu un peu, quand tu as expérimenté un peu, tu vois les choses différemment, et quand tu as l'impression de comprendre la biologie un peu mieux, tu sais ce qui est important et ce qui l'est moins. Le problème de la biologie, c'est que c'est très vaste, on peut tout faire. La génétique des populations, la structure des protéines, la zoologie, on peut tout étudier et tout est important, mais il y a quand même une vision globale. Dans un article que Paul Nurse avait publié dans la revue *Nature* en 2008, il avait écrit sur le futur de la biologie[14]. Il disait en substance : « Je vois le futur de la biologie dans des petites équipes associant des théoriciens, des matheux, des physiciens autour de quelqu'un qui a le sens biologique, qui est capable de dire à peu près ce que c'est ». Bien sûr, tu n'acquiers pas ces connaissances immédiatement, mais il y a un moment, même dans le domaine où tu n'es pas compétent, où tu sais à peu près distinguer les discours qui peuvent apporter quelque chose et les discours plus délirants. Personnellement, en ce moment, je lis beaucoup sur des choses très variées, en particulier ce qui touche à l'Évolution. Je distingue bien les questions récurrentes, ceux qui posent les bonnes questions et ceux qui en posent de moins bonnes. Mais il n'y a jamais de garantie à 100 %, on peut se tromper. C'est le

---

[14] Nurse P. Life, logic and information. Nature. 2008 Jul 24; 454 (7203): 424-6. doi: 10.1038/454424a.

principe même de la science : c'est comme ça un moment, et puis plus tard, il faut revoir les résultats et les interprétations.

- Je me souviens de cette remarque que tu avais faite il y a longtemps, quand on discutait des horaires. Tu disais que de toute façon, on était chercheur vingt-quatre heures sur vingt-quatre : on pense, on travaille, on manipule, et quand on n'est pas sur son lieu de travail, on continue d'y réfléchir. Est-ce que ça pourrait effrayer certaines personnes ?

- C'est possible. Je pense qu'il y a aussi des choix. Pendant longtemps, j'ai cru que les personnes devaient se comporter comme je me comportais moi-même, mais je me suis aperçu qu'il y a des choix de vie complètement différents. Je le vois avec mes petits-enfants par exemple, ils font des choix différents. D'une façon plus générale, les jeunes ne raisonnent pas du tout comme on raisonnait, nous, à l'époque du plein emploi, où les choses étaient tracées d'avance. Par conséquent, être chercheur peut en effrayer plus d'un ! Mais, attention, on ne travaille pas 24 heures sur 24 de la même façon. François Jacob a écrit des choses intéressantes sur ce sujet, sur l'activité de nuit et l'activité de jour : la nuit, tu rêves sur la recherche et le jour, tu es plus rigoureux. Il a raconté plusieurs fois que c'est en allant au cinéma qu'il a fait le lien entre ce qu'il faisait sur la sexualité des bactéries et sur ce qu'il faisait sur l'expression des gènes. C'est ça que je veux dire. Tu vois un truc, tu vas à un spectacle, tu vois des images, un autre verra quelque chose d'autre en fonction de ce qu'il fait, mais toi, ça va t'évoquer quelque chose auquel tu penses beaucoup dans la journée.

- Est-ce que ça ne te rend pas antipathique pour ceux qui ne sont pas du « milieu » ?

- Ah ! Je remarque que plus j'avance en âge, plus je deviens polar, j'arrive à passer des week-ends entiers sans lever le nez. Il faut vivre avec quelqu'un qui supporte cela, ou il faut vivre seul. Et puis, il ne faut pas être emmerdant, il faut en faire profiter, c'est-à-dire essayer de transmettre, de vulgariser de façon intéressante. Évidemment, si tu es polar et emmerdant, ça peut t'isoler. Lorsque j'étais complètement obsédé par le centrosome, j'ai embêté et distrait beaucoup de gens. On passait des soirées à discuter, avec des copains qui avaient tous fait des études à droite ou à gauche en physique, en maths ou d'autres disciplines, on discutait sans fin. Je n'ai pas l'impression que je les embêtais, mais en même temps, lorsque je les vois ils me disent : « Alors ça avance ? ». Je suis obligé de leur expliquer que les détours sont longs et compliqués ! Mais je comprends qu'on puisse être embêtant. Les gens polars qui sont complètement penchés sur leur sujet et qui ne voient que lui se sécurisent comme ça. Ça dépend du tempérament des gens. Quand tu arrives à un grand âge de recherche, tu réfléchis aussi sur la vie de tous les jours, sur le monde dans lequel on est plongé, je pense que tu peux dialoguer avec les autres plus facilement. L'autre jour, je voyais une citation de François Jacob qui disait de façon abrupte : « On habite un monde qui est créé par notre cerveau ». Ce qu'il y a au bout de la biologie, au bout de toutes les disciplines de la connaissance, c'est : « Qu'est-ce que c'est que se représenter ou penser le monde ? ». Cette question peut être abordée de mille façons : par des artistes, des écrivains, des réalisateurs de films. Picasso se levait le matin, et chaque jour de sa longue vie, il a peint. Henri Moore sculptait tous les matins aux aurores, il tapait sur un bout de bois ou une pierre, toute sa vie, c'était important pour lui. C'est un peu pareil pour la recherche. Une jeune Espagnole a eu un poste au premier concours à l'Institut Curie. J'étais dans son jury de thèse, elle a eu son poste à sa première candidature, c'est rare. Elle m'a prévenu par un gentil message. Elle me disait : « Mes enfants - elle en a deux - ne comprenaient pas de quoi il s'agissait. Je leur ai dit que j'avais gagné un concours à la télévision, ça ils comprennent ! ». Je lui ai dit : « Dis-leur un jour qu'être payé pour avoir le droit de se poser des questions toute sa vie, c'est un luxe que peu de gens ont ». C'est un luxe extraordinaire. Quand je voyais des personnes qui se plaignaient dans mon laboratoire, ce n'était pas supportable. Combien de gens, accablés par un travail inintéressant, auraient rêvé d'être à leur place ? Si tu es un bon chercheur, tu te débrouilleras toujours pour te poser les questions qui t'intéressent. Même si on t'oblige à travailler sur certains sujets, tu déguiseras un peu les choses pour avoir le financement, et après tu feras ce que tu veux. C'est un vrai luxe aujourd'hui. Être payé, même pas énormément, avoir tous les mois un salaire alors que tu as passé tout ton temps à te poser des questions que tu as décidé de te poser, c'est un luxe.

- Je suis d'accord avec toi, mais je ne suis pas sûr que les chercheurs de ma génération ou la suivante soient d'accord. En particulier, il y a une telle pression sur l'argent que cette liberté-là, ce luxe dont tu parles, n'est pas forcément perçu de la même façon. À mes enfants, je leur ai souvent dit que j'étais très riche ! Un clin d'œil qui ressemble à ce que tu dis, c'est-à-dire que le métier que j'ai, enseigner à l'université et faire de la recherche, vingt ans en biologie puis dans un champ pluridisciplinaire aujourd'hui, c'est un luxe, une richesse énorme. J'apprends et je partage. Je leur dis que je suis quelqu'un de très privilégié !

- Et ils te répondent ?

- Ils ne me répondent pas vraiment. Je ne suis pas sûr qu'ils soient convaincus. D'ailleurs, je n'attends pas vraiment de réponse à ce moment-là. C'est surtout pour leur mettre cette idée en tête pour leur propre chemin, à travers leurs études et la suite de leurs parcours, que leur choix ne soit pas juste motivé par le salaire, par exemple.

- Je pense qu'occuper son temps pour gagner sa vie à des choses non gratifiantes, c'est le lot de nombreuses personnes, et c'est quand même terrible !

- Oui, ça doit être le lot de beaucoup de personnes.

- Mais est-ce que c'est normal ? C'est terrible d'avoir un boulot qui te fait suer. Certaines personnes disent : « Je trouve un boulot, et je fais après ce qui me plaît ».

- Oui, j'ai entendu cela de nombreuses fois.

- Très souvent, les jeunes, je les entends : « Je ferai ma musique dans mon coin », mais ils travaillent dans un supermarché pour subsister.

- Je travaille pour avoir de quoi manger, payer mon loyer, et puis ce qui m'intéresse, c'est le reste.

- C'est très bizarre. Je pense que la richesse qu'on a, c'est le temps, faire ce que l'on veut avec son temps. Le temps d'un jour, le temps d'une vie.

- Mais quand tu dis ça, ça remet en valeur des vieilles notions, le travail, la famille, la patrie !

- Non, non, pas du tout. C'est le plaisir. « Travail, famille, patrie », c'est le côté devoir. Tu travailles bien sûr, tu apprends de nouvelles techniques, tu veux savoir quelque chose, tu es en marche, sur une route, tu es en balade, tu te promènes, dans un monde compliqué, tu essayes de trouver un chemin. Et ce n'est pas un travail où tu dois obéir, tu n'as pas de chef, ce qui est merveilleux. J'en parlais dernièrement avec quelqu'un qui a des ennuis avec son chef et il me demandait si j'avais eu ce genre d'ennui. Je lui ai dit : « Jamais, jamais ». J'ai eu des conflits avec des responsables, des conflits assez durs même, mais cela ne concernait pas ce qui m'appartenait, les détails de mon travail.

- C'était plutôt d'ordre stratégique, politique ?

- Oui, des désaccords de ce genre-là.

- Personne ne t'a jamais dit : « Ton sujet, le centrosome, on s'en fiche, tu ne veux pas plutôt travailler sur autre chose ? ».

- On m'aurait dit ça, j'aurais répondu : « C'est votre opinion, mais moi j'en ai une autre ».

- Et si cette personne contrôlait le financement du laboratoire ?

- Ça c'est embêtant, il faut se débrouiller pour avoir des crédits ailleurs et continuer. Si on croit à son sujet et si on a des raisons d'y croire, il faut se battre. Ce qui est vrai, et je l'ai vu souvent, en biologie en particulier mais aussi dans d'autres disciplines, il y a des questions qui sont valables, mais elles ne peuvent pas être posées expérimentalement, parce que les moyens ne sont pas disponibles, il faut attendre.

4.2. Les jeunes chercheurs

- Concernant toujours l'évolution du métier de chercheur, je pense en particulier aux jeunes que tu fréquentes, les doctorants par exemple, ils sont dans quel état d'esprit ?

- Ils sont beaucoup plus internationaux d'abord. À l'Institut Curie, en tout cas, beaucoup de jeunes chercheurs sont d'origine étrangère et par conséquent, tout le monde parle plutôt anglais que français. C'est déjà un gros changement. Avant, nous ne parlions que français, et encore, pas toujours très bien ; il n'était pas question de parler une autre langue. Les jeunes sont très ouverts sur le monde, ils sont très connectés. Ils savent par conséquent beaucoup de choses et sont très différents, c'est sûr. Ils se connaissent beaucoup plus. Les associations de doctorants sont très actives, ils organisent des rencontres scientifiques sans patrons, des fêtes, ils s'organisent de façon très autonome, ils se connaissent entre eux dans différents pays, ils connaissent des gens de Heidelberg, de Dresde, de Rotterdam, de Madrid ou de Rome parce que tout circule beaucoup plus vite. Maintenant, ils subissent une pression énorme. À mon époque, normalement, tu ne devais pas publier avant de présenter ta thèse, tous les résultats devaient être originaux dans la thèse, qui durait six ou sept ans, ou davantage.

- À l'époque existaient deux thèses : la thèse de troisième cycle et la thèse d'État, qui pouvait se soutenir très tard. Je pense par exemple à Philippe Denoulet.

- Oui, j'étais dans son jury de thèse, il avait quarante publications !

- Puis ces deux thèses ont disparu, et le doctorat, thèse d'université, a été mis en place, équivalent du PhD dans les autres pays. Une thèse qui doit se réaliser entre deux et quatre ans.

- Oui, plutôt quatre ans. Je me souviens quand j'étais en thèse à Villejuif, des patrons se réunissaient entre eux et ils ne voulaient pas que les jeunes y assistent pour toujours garder une avance par rapport à eux. Ils faisaient des réunions scientifiques d'échanges, de retour de congrès. Quand tu allais aux congrès, tu savais des choses presqu'un an à l'avance parce que tout était très lent. Maintenant, les résultats se publient très vite et, en général, on obtient l'information avant les colloques.

- Tu disais que les jeunes chercheurs aujourd'hui sont sous pression. Laquelle ?

- Ils ont une pression énorme parce que leur carrière va dépendre de la revue scientifique dans laquelle ils publient. S'ils publient dans de très bons journaux, ils auront un poste, s'ils publient dans de moins bons journaux, ils auront beaucoup plus de mal à en avoir un. Si au cours de leur doctorat, ils ont publié dans *Science* ou *Nature*, et qu'ils continuent pendant leur stage post-doctoral, ils ont la possibilité de rentrer en compétition avec de bons candidats comme eux. C'est ridicule parce que les gens ne regardent pas le contenu des publications. Parfois, des résultats publiés dans des journaux de moindre réputation sont tout aussi bons. *A contrario*, dans de bons journaux, tu peux avoir des résultats non reproductibles. Encore récemment, je n'en revenais pas que *Nature* ait encore fait une terrible erreur, sur les cellules souches. Ils avaient pourtant, paraît-il, attendu deux ans avant d'accepter la publication. Il y avait deux publications dans le même numéro, un « *full article* » et une lettre. C'était une Japonaise, une petite jeune, arrogante et arriviste apparemment. Un des patrons signataires, très honorablement connu, s'est suicidé à cause de cette histoire. Elle expliquait qu'elle avait un nouveau système pour fabriquer des cellules souches multipotentes, en rabotant les cellules d'abord et puis en les traitant à pH acide ; ça devenait un jeu d'enfant. Lorsque j'ai lu la lettre, j'en ai parlé autour de moi, en mentionnant que j'avais l'impression qu'il était arrivé quelque chose de révolutionnaire. Et puis j'ai lu le « *full article* » et je me suis dit : « Comment a-t-elle pensé à raboter les cellules ? Qu'est-ce que c'est que cette idée de raboter les cellules ? ». Une des premières phrases était : « Les cellules souches pluripotentes ont un très gros noyau et un tout petit cytoplasme, donc on commence par leur faire un tout petit cytoplasme en les rabotant ». Je n'en revenais pas que l'éditeur de *Nature* soit encore tombé dans le panneau, après tout ce qu'il leur était déjà arrivé.

- Moi, ça ne m'étonne pas.

- Pourquoi ?

- Parce que pour eux aussi, il y a une pression médiatique et financière qui fait qu'ils sont à la recherche de « scoops » !

- La revue *Cell* avait fait pareil en 1989, ils avaient publié deux articles.

- Sur l'ADN centriolaire ?

- Oui. Cette publication a coûté cher à David Luck. L'autre publication venait de chercheurs italiens et américains : ils faisaient des souris transgéniques en trempant les spermatozoïdes dans des plasmides ! Ils avaient fait aussi la couverture du journal.

- En effet, ce sont des exemples spectaculaires ! Mais indépendamment des journaux, les jeunes sont aussi sous une forte pression parce qu'il n'y a pas beaucoup de postes.

- Oui. À l'Institut Curie, c'est particulier. Ce n'est pas le cas de tous les laboratoires de recherche. Ici c'est international, ils font leur thèse, mais ils ne veulent pas forcément avoir un poste en France, ils retournent dans leur pays. Certains vont en Angleterre où il y a beaucoup d'argent mais ils n'ont pas un poste à vie. À l'inverse, certains, d'origine étrangère, tentent leur chance, le système de recherche français restant très attractif. En Espagne, en Italie, c'est très difficile d'avoir un poste, comme dans beaucoup d'autres pays. En compétition en France, il n'y a pas que des Français, loin de là. À l'époque où j'étais en commission, la moitié des gens qui avait un poste n'était pas d'origine française. Et ce n'est pas mauvais pour le système, ça évite la consanguinité. Les jeunes sont sous pression, et ils ont une autre mentalité vis-à-vis de la recherche, ils cherchent aussi d'autres boulots, dans l'industrie, dans les start-ups, dans les métiers du technico-commercial. Souvent, je les trouve beaucoup plus déniaisés qu'on ne l'était. Ils ne s'attendent pas à un long fleuve tranquille alors que nous, on était dans cette mentalité, la voie était tracée. C'est ce qui m'était arrivé, dès ma première rencontre, j'ai eu un poste tout de suite, ça change beaucoup de choses !

- Déjà pour nous, la génération suivante, dans les années 85-95, nous n'avons pas eu de postes tout de suite, mais nous avons fini par en avoir un ! Je parle des doctorants qui sont passés dans ton laboratoire. Éric Bailly à l'INSERM, Mohamed Moudjou à l'INRA, et moi à l'Université. À l'époque, nous avons eu des postes, aujourd'hui ce ne serait plus le cas. Tu ne pourrais pas avoir aujourd'hui trois doctorants à un an d'écart qui puissent tous les trois entrer dans un organisme de recherche, et sans avoir fait au moins un stage post-doctoral !

- Oui, absolument. J'ai eu une co-tutelle de thèse avec un laboratoire de physique, une Polonaise mathématicienne de formation, elle avait fait l'École normale supérieure. Elle est arrivée en France à neuf ans au moment de « Solidarnosc » avec ses parents qui avaient été obligés de partir car ils étaient menacés. Elle a appris le français très vite, elle a fait l'École normale supérieure en mathématiques, et puis elle a suivi le fameux master de Luc Valentin. Chaque année, on avait la visite d'étudiants intéressés par le domaine physique-biologie, et on faisait un petit exposé sur ce qui se faisait dans les laboratoires. Elle est passée comme d'autres. Je présentais des résultats aux étudiants et j'observais comment ils réagissaient. Elle, je ne l'avais pas spécialement remarquée. Et le soir, on se retrouve sur le quai du métro à Luxembourg. Elle vient vers moi et me dit : « J'étais avec les étudiants ; est-ce que vous pensez que pour quelqu'un comme moi, il y a des sujets intéressants ? ». Il y avait un tel sujet, que j'avais donné à Matthieu Piel en DEA, mais après, il avait voulu faire du centrosome qui était le sujet principal du laboratoire. Le sujet concernait les oscillations corticales de cellules lymphoblastiques humaines quand on désassemble les microtubules ; c'était un sujet pour physicien. Je lui propose, elle va rencontrer les physiciens, et finalement on décide d'un sujet en co-tutelle et elle commence sa thèse. Je l'ai vu vraiment apprendre ; au début, elle ne comprenait rien aux expériences, tout cela était exotique pour elle, et petit à petit, au bout d'un an et demi à deux ans, elle s'est accaparée les choses. Mais six mois avant la fin de sa thèse, elle me dit : « Tu sais, quand je vois comment tu travailles, et ce que c'est que le métier de chercheur, je ne crois pas que je ferai de la recherche ! ». Quelques semaines après, Jo Howard de Dresde téléphone à Jacques Prost et dit : « Est-ce que vous avez des Polonais chez vous parce que le Max Planck et l'université de Varsovie voudraient monter une équipe mixte dirigée par un Polonais qui bénéficierait de l'environnement d'un Max Planck ? ». « Oui, on a une Polonaise » et il dit : « Envoyez-la moi, les candidats que j'ai eus ne me plaisent pas ». Elle lui a plu et il lui a proposé de diriger un groupe sans avoir fait de stage post-doctoral, un groupe au Max Planck à Dresde ! C'est le seul cas que je connaisse. Six mois après notre échange sur le dur métier de chercheur, elle dirigeait une équipe, et maintenant elle est professeure à Cambridge !

- Elle ne doit pas être idiote !

- Non, elle n'est pas idiote, mais tu vois, il y a les motivations, mais il y a aussi les circonstances ! Évidemment, c'est quelqu'un qui, lorsqu'elle entreprend quelque chose, le fait à plein. Elle n'était pas exubérante, plutôt réservée. Or, elle faisait partie d'un club de théâtre à l'ENS. Un jour, elle m'a invité à une représentation. Elle interprétait Lady Macbeth dans *Macbeth* de Shakespeare, et j'ai vu cette petite femme que je voyais au laboratoire tous les jours se transformer en une Lady Macbeth terrible, inquiétante et sanguinaire. Elle était transformée, et ça lui a fait beaucoup de bien, elle a changé par le théâtre. Professeur à Londres, puis à Cambridge, elle écrit des « News & Views » dans *Nature*. Avant, elle venait me voir régulièrement. Maintenant, elle n'a plus besoin de moi.

- Elle a quel âge aujourd'hui ?

- Elle a environ 40 ans, et elle a eu son poste à Dresde à 28 ou 29 ans. Et je te dis : elle se posait de graves questions, quand je le lui rappelle, on rit ensemble de ça.

- Elle est contente ?

- Elle est contente, elle a réussi, elle est passionnée et elle continue sur le sujet qu'elle avait développé pendant sa thèse. Tu vois, les circonstances et les rencontres ont tout fait, mais bien sûr, elle n'était pas idiote. Quand elle a quitté le Max Planck de Dresde, elle a candidaté ici, à Curie, elle avait été classée première mais on savait qu'elle avait une offre de professeur à Londres avec un budget, des postes, et tout ce qu'elle voulait. On n'était pas compétitifs. Parce que la compétition est réelle. Pour décrocher un poste bien sûr, mais aussi plus tard, dans l'exercice du métier. Qui peut être une compétition de type sportif, arriver le premier, mais aussi quelque chose de plus profond ; il y a souvent de la violence dans la recherche entre les points de vue opposés parce que si c'est l'autre qui a raison, si ma vision à moi est fausse, ça me menace dans ma capacité à comprendre le monde. Il y a eu des conflits extrêmement violents entre certains scientifiques pour cette raison. Dès qu'il est question d'Évolution par exemple. Parce que tu crois comprendre les choses, et tout d'un coup, quelqu'un te dit que ce n'est pas du tout comme ça que ça se passe. C'est très violent, ça veut dire que tu n'as rien compris. Je me souviens, j'étais jeune, j'ai assisté à des débats entre grands bonnets de l'immunologie, c'était d'une violence incroyable. Les gens se tuaient symboliquement en public mais ce n'était pas simplement pour être le premier : s'il a raison, alors j'ai tort, et ça c'est dur. C'est un point très important. Ça reconsidère complètement ta façon d'aborder les choses. Alors que, au contraire, si l'autre a raison et que ça colle avec ta propre vision, ça devient agréable.

- Soit aussi, l'autre chercheur est allé plus vite...

- Soit il est allé plus vite, soit ça colle avec ta vision générale. Dans le second cas, j'ai toujours été frappé quand quelqu'un mène une belle expérience, qu'il obtient un beau résultat, les autres sourient, écoutent ; les chercheurs qui écoutent ont un certain plaisir, c'est beau. Jacques Monod avait dit ça une fois :

« Si une belle hypothèse n'est pas forcément vraie, une hypothèse laide est certainement fausse ». Il y a ce côté beauté esthétique, beauté d'une démonstration, beauté d'un résultat qui fait sens, et c'est agréable. Et si quelqu'un apporte un résultat, un complément, qui fait sens et qui ne te choque pas, tu ne l'as pas trouvé, mais ça fait sens quand même pour toi aussi et c'est agréable. Si par contre, sa façon de faire met complètement en cause ta propre vision, c'est violent.

- Est-ce que, aujourd'hui, il y a encore des écoles dans un domaine particulier ? Tu parlais de l'immunologie, il y a eu vraiment des écoles ?

- Oui complètement. Je me souviens d'un colloque qui avait eu lieu à Pasteur où se trouvaient deux grands pontes australiens. Visiblement, ils ne pouvaient pas se supporter. Avant, à la place du pointeur qu'on a aujourd'hui en forme de crayon, c'était un revolver avec une flèche. Le premier était tellement agacé, énervé à démolir l'autre qu'il envoyait la flèche sur lui ! Il essayait de pointer, et tout le monde se marrait de voir que la flèche lumineuse était sur lui. Mais c'était très violent. Un chercheur domine, une idée domine et s'impose à tout le monde. Beaucoup de choses ont été écrites là-dessus. Je pense au livre de Daniel Boorstin, *Les Découvreurs*. Je pense aussi à l'Italien Camillo Golgi et à l'Espagnol Santiago Ramon y Cajal, qui ont reçu ensemble le premier prix Nobel et qui ne se sont pas serrés la main. Ils se détestaient, parce qu'ils avaient deux visions incompatibles de l'organisation cérébrale. Le jury ne s'est pas mouillé ! On a su rapidement que c'était Ramon y Cajal qui avait raison.

5. La structure du laboratoire

- Dans un laboratoire, quelle est la place de chacun : le chercheur, l'enseignant-chercheur, le technicien, l'étudiant, ou l'ingénieur ?

- Ça c'est une bonne question. Dans mon laboratoire, deux techniciennes que tu as connues ont joué un rôle essentiel : Claude Celati et Nicole Bordes. Dans un laboratoire, ces postes sont fondamentaux, c'est la mémoire. Ils sont souvent occupés par une femme d'ailleurs, qui a « de la bouteille », qui sait manipuler et qui a en plus le talent d'accueillir les jeunes pour faire le passage du témoin. En ce moment, Bruno Goud a dans son équipe une telle personne, avec laquelle je travaille d'ailleurs. Elle est extraordinaire, elle a l'œil à tout en plus des manips dans lesquelles elle est impliquée, elle s'occupe de la salle de culture, des commandes, et tout le monde la suit. Les personnages essentiels d'un laboratoire français, ce sont les personnels techniques bien formés, qui ont souvent fait une bonne école, un bon BTS, qui savent travailler et qui ont un poste permanent. Je me souviens d'un chercheur qui, à l'occasion d'une remise de prix, avait pu dire : « Je n'aurais jamais fait ça si je n'avais pas eu un ingénieur pendant des années ; à l'étranger on n'aurait jamais pu le faire ». En fait, quand tu regardes de près dans les bons laboratoires américains, il y a souvent un pilier aussi.

- Qui a un statut de type ingénieur ?

- Oui, qui n'est pas chercheur mais qui a un statut de gestionnaire du laboratoire. Mais en France, on avait ça et c'était le gros avantage : un personnel technique de qualité. Aujourd'hui, ça se raréfie, c'est de plus en plus difficile d'avoir des postes de techniciens. Bien sûr, il y avait parfois des abus. Quand j'étais à l'Institut Pasteur, un laboratoire à Garches comptait vingt-trois techniciennes et deux chercheurs. Jacques Monod, nouveau directeur, était intervenu : un laboratoire avec un rapport chercheurs/techniciens complètement déséquilibré n'est pas un bon laboratoire.

- Dans ton laboratoire, que j'ai connu pendant mon doctorat, trois techniciennes sont devenues ingénieures d'étude.

- Elles ont toutes joué un rôle important à leur façon.

- Aujourd'hui il y a moins de postes ?

- À l'époque, quand j'ai commencé, il y avait 350 postes de chercheur et 750 postes de technicien créés chaque année.

- Et aujourd'hui ?

- Je ne connais pas les chiffres, mais c'est beaucoup moins.

- Et le rapport est inversé, il y a plus de chercheurs que de techniciens ?

- Oui. C'était un des avantages du système français qui est en train de disparaître. J'ai connu des bons laboratoires où il y avait aussi un bel équilibre entre enseignants et chercheurs ; c'était au Centre de génétique moléculaire du CNRS à Gif-sur-Yvette. La moitié du laboratoire était composée d'enseignants de Paris 6 et l'autre moitié était composée de chercheurs à plein temps.

- Tu continues à les appeler des enseignants, alors que leur statut c'est enseignant-chercheur.

- Oui, je sais qu'ils avaient la lourde tâche d'enseigner aux masses étudiantes. Bien sûr, ils étaient aussi chercheurs, c'est évident.

- Des maîtres de conférences ou des professeurs.

- D'ailleurs, ils étaient tous bons. Parce que des permanents assuraient la continuité de la recherche, des expériences, ils pouvaient faire de l'enseignement tout en étant près de la recherche. Ils étaient excellents chercheurs. Au DEA de génétique de l'époque, les étudiants ne faisaient pas qu'un stage de DEA mais trois, et il fallait expérimenter dans trois « systèmes » différents : souvent la levure, la mouche et un autre « système ». En contrepartie de l'enseignement, les enseignants-chercheurs avaient des « petites mains » pour réaliser régulièrement de nombreuses expériences. Je le voyais dans les laboratoires à côté de moi, et je trouvais que c'était très efficace. Ça s'est perdu, parce que les universités ont voulu ramener tous les enseignants-chercheurs sur leur territoire, alors que là, ils enseignaient à Paris et travaillaient en recherche à Gif-sur-Yvette, c'était excellent. Enfin moi, je trouvais que c'était excellent. Aujourd'hui, je ne sais pas où on en est. Il n'y a pas beaucoup d'enseignants-chercheurs à l'Institut Curie. Avec le classement de Shanghai, des tas de remises en cause ont eu lieu. L'idéal, peut-être, et d'ailleurs c'est un peu ça aux États-Unis, c'est de faire un peu d'enseignement en parallèle à sa recherche. Faire de l'enseignement me parait une excellente chose. Je n'avais pas du tout de charge d'enseignement, mais je participais à des cours de niveau du 3e cycle. Nous avons mis en place un cours, d'abord à l'Institut Pasteur puis à Curie. D'ailleurs, tu as participé !

- Oui, les travaux pratiques sur le cycle cellulaire pendant plusieurs années.

- Voilà. Je pense que pour un chercheur, enseigner c'est bien, à condition que ce ne soit pas trop écrasant. Les enseignants qui ont 192 heures annuelles et qui ont en plus toutes les réunions qui sont liées, ce n'est pas possible.

- C'est possible éventuellement si tu appartiens à une équipe qui fonctionne bien, un peu ce que tu décrivais du Centre de génétique moléculaire.

- Ça existe encore ?

- Ce que je connais le mieux, ce sont les structures de l'université Paris Diderot où je travaille. Des équipes sont constituées d'enseignants-chercheurs, de techniciens, d'ingénieurs, de chercheurs et d'étudiants et ça fonctionne. La « mixité », c'est bien quand c'est possible. Un enseignant-chercheur un peu isolé va avoir beaucoup de mal à travailler. Mais la situation en France est quand même très particulière : des chercheurs statutaires à plein temps, qui font dans quelques cas un peu d'enseignement, mais beaucoup ne font que de la recherche, et le statut d'enseignant-chercheur avec un mi-temps d'enseignement et un mi-temps de recherche. Or les enseignants-chercheurs sont évalués de la même façon que les chercheurs, pas sur l'activité globale. Pour les promotions et les demandes de financement, c'est la liste de publications qui compte. Je voudrais avoir ton point de vue sur cette situation, à la fois historique et actuelle : est-ce qu'il ne faudrait pas changer cette situation et la rendre plus juste ? Est-ce que c'est normal d'avoir encore ces deux statuts en France ?

- L'alternative serait que tous les chercheurs aient un enseignement à donner ?

- Oui. Diminuer le volume d'enseignement des enseignants-chercheurs et donner des enseignements aux chercheurs.

- Je serais assez d'accord pour que tous les chercheurs aient un peu d'enseignement, ça me paraît excellent à condition que ce ne soit pas écrasant. C'est très riche, c'est comme ça que l'on repère les très bons étudiants, c'est comme ça qu'on fait passer des sujets auprès des jeunes. Personnellement, j'ai toujours bien aimé. Quand on était à Pasteur, les cours Pasteur-Curie duraient une semaine ; ça marchait bien et les étudiants évaluaient les enseignements. Je me souviens d'une fois où Jean-Paul Thiery était désespéré par les notes que lui mettaient les étudiants. Il était toujours mal jugé ! Il m'a dit : « Mais comment tu fais ? » Il ne réussissait pas à les intéresser à la liste des protéines d'adhésion. Il n'y avait peut-être pas assez de questions.

- C'était un peu rébarbatif ?

- Oui, probablement. Pour revenir aux statuts de chercheurs, je serais tout à fait d'accord pour que ça change, mais comment ? Là, ça me dépasse complètement.

- Ce serait compliqué parce qu'il faudrait modifier les statuts des chercheurs et des enseignants-chercheurs. Ça pourrait être quelque chose comme 60 heures par an ?

- C'est déjà beaucoup.

- C'est ce que faisaient les moniteurs d'enseignement, cela correspond à peu près à un tiers-temps d'enseignant-chercheur : les enseignants-chercheurs ont 192 heures équivalents TD.

- Équivalents TD ? Qu'est-ce que ça veut dire ?

- Une heure de travaux dirigés (TD) = 1, et un cours magistral = 1,5. Si tu ne fais que des cours, comme beaucoup de professeurs, tu enseignes environ 130 heures, équivalents de 192 heures de travaux dirigés ou pratiques.

- D'accord, et devant combien d'étudiants ?

- De 10 à 400, il y a des amphis de 400 places !

- 400, ça n'a pas de sens. Là pour le coup je pense que pour enseigner à 400 élèves, il ne faut plus faire de recherche, tu n'as pas besoin de faire de la recherche toi-même, tu dois avoir un bon niveau, être au courant des nouveautés, discuter avec des chercheurs. Et tu ne dois pas être jugé sur ta recherche mais sur ta capacité à motiver ces jeunes, les intéresser. Parce que c'est trop, 400.

- 400, c'est le chiffre haut mais 150 à 250 c'est très fréquent en première année de licence. Mais en médecine, il peut y avoir 2 400 candidats en première année, répartis dans des amphithéâtres de 400 places. L'enseignant présente le cours devant 400 étudiants, il est filmé pour deux amphithéâtres parallèles, et on recommence la même chose le lendemain pour les 1 200 autres.

- Ce n'est pas vrai !?

- Si, j'ai fait ça pendant deux ans.

- Et après la première année, une fois qu'ils sont sélectionnés ?

- Après c'est autre chose. Sur 2 400, environ 350 sont retenus au concours, et ils ont ensuite beaucoup de travaux dirigés, et des applications.

- Voilà. Dès la 2e année. Je le sais parce qu'une fois, un copain de Jean-Claude Courvalin, qui était médecin à la Salpêtrière, m'avait demandé de faire un cours sur la cellule pour des étudiants en deuxième année de médecine. Ils étaient nombreux mais pas 350, peut-être 80. Je m'attendais à trouver des étudiants motivés, futurs médecins et j'ai commencé dans un brouhaha important ! Trois portes donnaient sur le couloir, je me suis arrêté et j'ai dit : « Bon, je suis venu parce que votre professeur me l'a demandé, mais ceux que ça n'intéresse pas, il y a trois portes, prenez celle que vous voulez ! ». Personne n'est sorti et personne n'a plus rien dit. Et le médecin qui m'avait invité, mais qui n'a pas assisté au cours, est venu et m'a dit : « Comment tu as fait pour qu'ils soient si calmes ? ». Mais après la pause, ils ont repris leurs habitudes, ils ont recommencé à discuter. Je me suis arrêté à nouveau et tout s'est calmé. À la fin du cours, ils ont applaudi, longuement.

Mais c'est dur, ça prend une énergie folle. Les chercheurs doivent transmettre ce qu'ils font et ils sont bien placés pour le faire, mais il ne faut pas que ça leur prenne trop de temps et d'énergie. Une partie de l'enseignement devrait être faite par des enseignants dont l'enseignement ne serait pas en prise avec leur recherche, et sans être jugés sur leur recherche parce que ce n'est pas possible. L'enseignement de premier cycle correspond à une vision un peu large d'une discipline, il faut s'intéresser à tout, à de nombreux sujets, il faut être capable de transmettre sur beaucoup de sujets connexes, alors que le domaine de recherche est forcément beaucoup plus focalisé.

- Tu serais favorable à une dichotomie, l'enseignement en licence avec des effectifs d'étudiants importants réalisé par des enseignants, et des enseignements en master et en doctorat par des enseignants-chercheurs qui auraient une charge d'enseignement moindre pour faire de la recherche ?

- Voilà. Je serais pour ça.

- Qu'ils puissent avoir plus de temps pour la recherche et qu'ils soient aidés par des chercheurs CNRS ou des autres EPST qui auraient également une vraie charge d'enseignement, pas seulement un cours ponctuel, peut-être 30 heures ?

- Pas plus, 30 heures c'est déjà beaucoup.

- Des collègues défendent cette idée mais d'autres disent au contraire qu'il ne faut pas séparer les licences des masters dans une université, que la qualité des cours qui sont donnés en licence vient aussi de la recherche, et que les meilleurs professeurs sont aussi des bons chercheurs !

- Oui, les meilleurs professeurs sont sûrement de bons chercheurs. Mais la biologie est devenue tellement riche et tellement vaste en phénomènes et en mécanismes, que tu ne peux pas facilement sensibiliser des jeunes à cette discipline.

Je suppose que le programme est assez large, tu ne peux parler de tous les compartiments cellulaires, de tous les métabolismes cellulaires ou au niveau de l'organisme, en étant proche de la recherche dans tous ces sujets-là. Bien évidemment, il faut les sélectionner sur leur qualité de pédagogue et sur leur intérêt pour la recherche. Il faut qu'ils aient fait de la recherche à un moment de leur carrière, au moins au début. Mais ça me paraît extrêmement difficile de faire de la recherche à un bon niveau et d'être capable d'enseigner tout, de la mitochondrie jusqu'au trafic membranaire en passant par le cycle cellulaire, etc. Bien sûr, tu peux en parler, mais si tu dois présenter le sujet en détail, ça me paraît très lourd et très difficile de faire ça en même temps qu'une recherche pointue. Enfin, je ne vois pas comment on fait, je ne vois pas du tout, c'est un vrai problème.

- Une autre idée qui avait circulé au moment des Assises pour la recherche en 2012, je crois : supprimons le CNRS, les EPST, et tout le monde a le même statut d'enseignant-chercheur.

- Je serais absolument contre. Politiquement, c'est un rêve qui est très marqué. C'était la droite et l'extrême droite qui ne voulaient plus du CNRS. Comme on l'a vu précédemment, le CNRS a été attaqué très fort à l'époque où Jacques Chirac était président, il voulait casser le CNRS et l'Inserm, c'était ça la volonté politique. Et pour des raisons idéologiques : pour eux, le CNRS avait des origines historiques très à gauche ; c'était les syndicats ou le personnel qui dirigeaient, la direction était incapable d'imposer des sujets. Le CNRS avait pour eux également le défaut d'être au service de la connaissance, de la philosophie aux mathématiques. Ils voulaient des objectifs focalisés sur les applications. Ils y sont petit à petit arrivés, en créant des Instituts par discipline. Le CNRS a été menacé violemment ; il a dû sa survie dans son état actuel aux physiciens. Pourquoi ? Parce que le CNRS, c'était d'abord la physique au départ.

6. Les structures de recherche

6.1. Le CNRS… et ailleurs

- La naissance du CNRS, c'est quand ?

- Le projet CNRS date des années 1935-36, c'est le Front Populaire, et la vraie mise en route c'est en 1939, et plus précisément après la guerre. Le modèle, c'était l'IBPC (Institut de biologie physico-chimique). Avant cela n'existaient que l'Institut Pasteur et les universités. Dans les années 2002-2005, la volonté de casser les organismes de recherche pour des raisons idéologiques était tout à fait évidente. En 2005, j'avais été invité à un dîner aux Invalides, organisé par l'Institut Pasteur et Danone, parce que Danone finançait la recherche en bactériologie à Pasteur. Ils préféraient avoir à faire à des bons bactériologistes, ce n'était pas idiot.

- Pour mettre les bonnes souches bactériennes dans leurs yaourts ?

- Pour avoir la compétence. Il se trouvait que la directrice générale de l'époque, Alice Dautry, m'avait invité à sa table. À ma droite, il y avait le patron de Danone, Franck Riboud, un des plus gros salaires du CAC 40 à l'époque. Et je crois que Danone faisait 13 ou 14 milliards de chiffre d'affaire. À la fin du repas, on parle de la recherche et visiblement il avait quelque chose en tête. Il me dit : « Ce que je comprends, c'est qu'il faut casser le CNRS ». Je lui réponds : « L'ennuyeux, c'est que dans toutes les disciplines, les meilleurs laboratoires sont des laboratoires du CNRS ». Je change de sujet : « On nous dit qu'en Allemagne, un réseau de PME et PMI est très actif alors qu'en France, ce n'est pas le cas, quelle est votre explication ? ». Il répond du tac au tac : « En Allemagne, ils n'ont pas de grandes écoles », et il pensait surtout à HEC. Les grandes écoles, ce sont des élèves qui sont sélectionnés, ils ne sont pas idiots du tout, sauf qu'on imagine que lorsqu'ils sortent de l'école, ils savent tout et on leur donne des responsabilités pour lesquelles ils n'ont aucune expérience, et ils font parfois des catastrophes. En Allemagne, ce sont souvent des entreprises familiales, et le futur patron est passé par tous les ateliers avant d'être en responsabilité de l'ensemble. Je crois que le CNRS doit sa survie aux physiciens, parce que la France est très particulière de ce point de vue. Les politiciens sont au garde-à-vous devant les physiciens. Parce que la physique touche aux transports, à l'énergie, à l'armement, et par conséquent, on suit l'avis des physiciens. Ils ont dit : « Pas question de toucher au CNRS », et ça a joué un rôle important. Mais à l'époque, une réflexion sur les limites et les manques du CNRS était également menée. Bernard Larrouturou, nouveau directeur général du CNRS, et Gérard Mégie, président du conseil d'administration, avaient demandé une étude sur les problèmes du CNRS. Beaucoup de débats ont eu lieu et une des conclusions de Bernard Larrouturou avait été de constater le sous-financement de la biologie par rapport à d'autres pays comme l'Angleterre, alors que la physique et la chimie étaient très bien financées. Depuis vingt ans déjà, les Anglais avaient fait l'analyse que la biologie serait la grande discipline de l'avenir et qu'il fallait mettre des moyens conséquents, quitte à en enlever un peu à la physique et à la chimie. Bernard Larrouturou a donc été le premier à augmenter le budget de la biologie de 11 % - on n'avait jamais vu ça - et la physique et la chimie sont restées à peu près à un niveau de financement constant. Six mois plus tard, il a été remercié. Une campagne contre lui extrêmement violente a été déclenchée. J'ai des collègues physiciens que j'estime beaucoup qui répétaient ce qu'on leur disait, qu'il était malhonnête. Il n'est pas parti comme d'autres en se taisant ; il a écrit un très bon texte où il expliquait clairement ce qu'il avait voulu faire. C'est après lui qu'on a mis en place le dépeçage lent du CNRS en Instituts.

Les responsables actuels ont un budget très limité, pire qu'avant. Les candidats aux responsabilités ne se précipitent pas. Je sais qu'ils ont plusieurs fois demandé à Daniel Louvard, mais il avait plus de capacité d'innovation et d'orientation à l'Institut Curie qu'il en aurait eu au CNRS. Je crois qu'on a cassé le CNRS en morceaux. Le cœur historique de la physique a été gardé, en même temps que des Instituts et l'agence ANR (Agence nationale pour la recherche) ont été créés. Et cela, malheureusement, est une conséquence du colloque de Grenoble qui a suivi « Sauvons la recherche ». Des bagarres très violentes ont eu lieu, certains étaient pour, d'autres contre. Certains étaient pour qu'on renforce les moyens des organismes pour qu'ils aient une politique autonome, j'y étais favorable, d'autres étaient pour une agence de moyens indépendante sur laquelle on ferait des programmes. Certains avaient dit : « Méfiez-vous, si vous mettez ça en place, l'argent va partir des organismes vers cette agence, et les besoins d'argent seront plus complexes à gérer ». Et c'est ce qui se passe en ce moment.

- L'enveloppe de l'ANR est diminuée ?

- Exactement.

- Un projet sur dix est accepté.

- Les mathématiciens ont tous démissionné en masse en 2016 dans la commission de mathématiques en disant que ce n'était pas possible de classer les projets dans ces conditions. Un financement par l'ANR devient extrêmement difficile et les budgets sont réduits. C'est la France. On revient à ce que l'on disait précédemment, la recherche est une danseuse. Si on compare avec le secteur agricole, par exemple, la différence est évidente. Quand il faut donner de l'argent aux paysans, on le trouve. Ils sont transformés en agents du Crédit Agricole, soumis à une forte pression pour l'achat des matériels, notamment ; ils s'endettent pour acheter des tracteurs gigantesques ou pour s'agrandir et ils sont alors tenus de produire à vie. Quand ils cassent tout, parce qu'ils n'y arrivent plus, on ne les met pas en prison bien sûr, on leur donne des subventions. Cet argent, il faut bien le prendre quelque part, aux dépens de la recherche par exemple. Je dois beaucoup au CNRS, j'y ai fait toute ma carrière, c'était quand même un endroit où toutes les disciplines étaient développées, qui correspondait à une sorte de projet philosophique pour développer la connaissance dans toutes les disciplines, c'était très français comme rêve. Là, on ne va certainement pas rendre l'argent aux organismes, on est en train de réduire l'ANR et les organismes sont appauvris, la situation n'est pas bonne du tout. Et ce qui est terrible, c'est qu'on va le payer dans les années qui viennent, beaucoup de jeunes vont partir ou changer d'orientation.

- Des jeunes et des moins jeunes. Des collègues disent : « Écoutez, je n'arrive plus à travailler correctement, je vais partir travailler en Angleterre, aux USA, ou ailleurs ».

- Oui c'est sûr, quand on voit les moyens qui sont donnés ailleurs.

- Quand ils ont un bon dossier et des bons résultats. Mais concernant les autres organismes de recherche, l'INSERM ou l'INRA par exemple, n'y a-t-il pas une trop grande diversité d'organismes en France ?

- Sur ce point, je n'ai pas une vision complète, c'est possible. L'INRA, c'est une recherche un peu plus appliquée. Mais il y a aussi de très bonnes équipes de recherche fondamentale.

- On en a connues.

- Bien sûr, il y en a d'excellentes. J'ai vu que Mohamed Moudjou avait co-publié un article en 2016 avec une trentaine de co-signataires[15] : chez une race bovine, la montbéliarde, une mutation sur un gène de centrosome provoque un changement de phénotype : elles sont étroites et elles ont une petite tête. C'est un très bon exemple de recherche fondamentale. Mais pour en revenir à ta question initiale, c'est possible en effet que les différents organismes de recherche créent un « double emploi ». Au moment où je suis sorti de l'Agro, tous les élèves qui voulaient faire de la recherche allaient à l'INRA.

- Assez logiquement.

- Oui, assez logiquement, mais c'était un peu consanguin ! De bons laboratoires, mais qui souvent ont mené vers une agriculture productiviste à mort. Il y a aussi l'INRIA, par exemple : des mathématiciens qui font des recherches spécifiques. Pourquoi ça ne serait pas au CNRS, par exemple ?

- Oui, par exemple.

- Mais on est en train de couper le CNRS en morceaux !

- D'un côté, les universités sont rassemblées, trop d'universités en France ! Ça commence réellement avec Valérie Pécresse et Nicolas Sarkozy en 2006 : grosse pression pour créer des PRES (Pôles recherche et enseignement supérieur) qui se transforment ensuite en Communautés d'Établissements (ComUE), et ces grands ensembles ne fonctionnent pas bien !

- C'est peut-être parce que les regroupements ont été trop nombreux. Des petites universités ont été créées qui n'étaient peut-être pas très viables. Et puis, il y a aussi le fameux classement de Shanghai. Ça m'amuse que le classement d'une université de sous-quatorzième zone au départ ait eu un tel

[15] Floriot S, Vesque C et al. C-Nap1 mutation affects centriole cohesion and is associated with a Seckel-like syndrome in cattle. Nat Commun. 2015 Apr 23;6:6894. doi: 10.1038/ncomms7894.

impact. On avait beau dire les choses, ils n'écoutaient pas. Mais à partir du moment où il apparait des classements internationaux, Polytechnique est 300e, ça les atteint complètement ! Ils ne sont pas connus dans le monde entier ! Toute la réorganisation administrative dépend de ça, c'est fou. C'est ce qui est derrière les décisions et l'idéologie : le CNRS est une forteresse qu'il faut prendre, qu'il faut démolir, c'est évident. Pour certaines personnes, le CNRS n'est pas bon, c'est politiquement suspect. C'est un peu moins vrai aujourd'hui, parce qu'on est un peu loin de l'époque du Parti communiste fort. Mais c'est que le CNRS a été fondé à la Libération et a été mis en place par des physiciens et par des gens comme Frédéric Jolliot qui était membre du comité central du PC. C'est lié à ce que j'évoquais plus haut, au CNRS, tout le monde était plus ou moins syndiqué.

- Mais ça a évolué ?

- Oui, ça a évolué complètement.

- Il n'y plus de bastions de gauche et d'extrême gauche !

- Il reste cette peur d'un monstre pas dirigeable qui coûte beaucoup d'argent. Par exemple, nous avons un statut de fonctionnaire, que nous n'avions pas jusqu'en 1984. Ce sont les ministres communistes qui l'ont imposé quand ils étaient au gouvernement sous François Mitterrand. Avant cela, nous étions contractuels de l'État. Cela ne change pas grand-chose, sauf pour la retraite et la pérennité du poste : si les gouvernants décidaient de supprimer un certain nombre de contractuels, ils pouvaient le faire plus facilement qu'avec des postes de statutaires. Les chercheurs sont donc devenus fonctionnaires avec le coût que cela représente, le poids de la masse salariale est énorme. Lorsqu'on examine le budget du CNRS, la masse salariale représente plus de 80 % du budget, la marge de manœuvre est très faible. Et par conséquent, cela devient idiot de créer des postes de chercheurs à vie en ne donnant pas les moyens de travailler ; nous sommes dans une spirale une peu folle !

- Tu penses qu'il faudrait revenir sur le statut de fonctionnaire ? Parce que je repense à ce que tu disais, ce n'est pas très facile d'être chercheur, c'est un métier formidable mais difficile sur un long terme. Au bout de huit ou dix ans, certains sont fatigués, mais ils n'ont fait qu'un quart de leur temps de travail, il faut qu'ils travaillent encore au moins trente ans ! Certains vont trouver des activités dérivées, dans l'administration de la recherche par exemple, mais n'est-ce pas un peu gâcher ? Est-ce qu'il ne faudrait pas, par exemple, établir des contrats de sept ou dix ans, renouvelables ?

- Indépendamment du statut des chercheurs, des moyens existent pour évaluer leur activité. Mais évidemment, il faut avoir les moyens de sanctionner si la personne n'est pas au niveau. Je n'ai jamais pensé que le fait d'avoir une sécurité salariale conduisait les chercheurs à ne rien faire ! Par contre, le fait qu'un organisme comme le CNRS soit entièrement fonctionnarisé, incluant l'administration, que dans l'ensemble l'organisme ait une sécurité éternelle ou quasiment, cela pèse parce que tout le monde a le temps. Et les administratifs eux-mêmes sont très puissants, au lieu d'être au service de la recherche. Ils ont un tel pouvoir de décision et d'intervention sur des temps longs que, progressivement, les chercheurs acceptent les conditions, comme des moyens de recherche au-dessous par rapport à l'étranger. Ce n'est pas parce que tu as la sécurité de l'emploi que tu ne fais rien, c'est parce qu'on te donne peu de moyens que tu acceptes cette situation. Des chercheurs américains se battraient comme des lions, parce que c'est leur vie de chercheur qui en dépend. Si ta vie n'en dépend pas, au début tu râles, mais petit à petit, on te rogne les ailes et tu acceptes cette situation. C'est ça qui est embêtant. Je ne pense pas que le fonctionnariat soit directement un facteur de non productivité, au contraire ; les grands chercheurs que j'ai connus ont fait toute leur carrière avec la sécurité de l'emploi.

- Il y a de très grands chercheurs aux USA et partout ailleurs !

- Ils sont tous « *tenure* ».

- Ah?

- Bien sûr, ils sont tous « *tenure* » vers 35 ans, et après, ils ne sont plus « virables ». Ils sont « *tenure* » dans leurs universités bien sûr.

- En Allemagne, c'est pareil ?

- Je ne sais pas si c'est pareil dans les universités allemandes. Au Max Planck, les directeurs ont des postes fixes : si tu es directeur d'un Max Planck, tu es « Dieu le père » dans ton secteur à vie, même pas d'âge de la retraite. Par contre, tous les jeunes n'ont pas ce statut, ils sont contractuels. Au bout de six ans, neuf ans maximum, il faut qu'ils partent, qu'ils trouvent autre chose. Soit ils sont pris au Max Planck comme directeur, soit ils vont dans une université ou vers l'industrie. Ce n'est pas du tout rédhibitoire pour la qualité du travail, la question est de bien sélectionner les chercheurs. Lorsque j'étais jeune, il y avait des postes et les organismes cherchaient des candidats pour ces postes. J'ai vu des jeunes chercheurs et des jeunes chercheuses qui m'ont complètement choqué dès le départ, ils ou elles raisonnaient comme des casseroles ! Ils faisaient n'importe quoi et ils avaient eu des postes très facilement. Le problème, c'est de trouver le moyen d'identifier des personnes qui seront des vrais chercheurs, par rapport à d'autres qui seraient soit des techniciens supérieurs, soit des chercheurs qui n'ont pas envie de mener un sujet de recherche, d'en être responsables. Ce débat a eu lieu au moment de SLR avec les chercheurs de l'IBPC. Cet institut fonctionne selon le schéma ancien : un porte-avion avec un amiral. Ils sont contre le fait d'avoir des équipes où les chefs d'équipes sont responsables de leurs moyens parce qu'ils disent que chacun fait ce qu'il veut. Mais en même temps, les gens prennent leurs responsabilités et se battent. Donc, il faudrait pouvoir sélectionner ceux qui sont capables de ça et leur donner un statut différent de ceux qui ne veulent pas prendre de responsabilités. Ces derniers peuvent d'ailleurs être excellents dans les labos. C'est ça la difficulté. Des gens sont irremplaçables dans les laboratoires, mais certains ne voudront jamais avoir la responsabilité du laboratoire ou même d'une équipe. C'était la vertu du système français, à condition d'être exigeant et d'avoir les moyens de dire à quelqu'un qu'il n'est pas à sa place.

- On peut le faire quand il s'agit d'une mutation.

- À cause du statut de fonctionnaire. Mais quand tu donnes à un chercheur la possibilité de travailler sur ce qui le passionne toute sa vie, c'est super, à condition que ce soit un passionné, un vrai, pas quelqu'un qui est là un peu par hasard. Encore une fois, il y a deux types de chercheurs : celui qui est prêt à prendre des responsabilités, et celui qui est très bon souvent dans une technique ou dans la façon de poser des problèmes, mais qui veut être derrière quelqu'un parce qu'il n'a pas envie de se charger de demandes d'argent et de la gestion d'un laboratoire. Et cela, c'est aussi à préserver. Mais tu as la troisième catégorie, ceux qui ne sont pas à leur place. Je suis persuadé qu'on donnerait les moyens aux équipes de travailler plus facilement, le tri se ferait de lui-même petit à petit, parce qu'il y aurait la compétition, il faut travailler dur pour être au niveau, on verrait vite. Mais c'est sûr que le statut de fonctionnaire fige un peu les situations. Juste pour finir, ça me rappelle, lors d'un changement de direction au CNRS, la nomination de Catherine Brechignac, fille d'un grand physicien qui s'appelait Jean Teillac. C'est elle la première qui a réduit le budget de la biologie après l'éviction de Bernard Larrouturou.

- Elle était elle-même physicienne, non ?

- Oui. C'est elle qui est à l'origine de cette fameuse interview suite aux coupures de crédit : « On a fait l'analyse des moyens mis dans la biologie : le rapport qualité/prix n'est pas aussi bon que dans d'autres disciplines ».

- Elle a employé cette expression ?

- Oui, le rapport qualité/prix.

- C'est très méprisant.

- C'est affolant, elle aurait parlé de Carrefour ou de la grande distribution, elle aurait parlé de la même façon.

- Et elle est elle-même chercheure !

- Nous avions organisé une réunion à Curie, juste après que Bernard Larrouturou ait été évincé. Nous avons écrit un texte, car on ne pouvait pas laisser dire ça dans les journaux sans contester. Tout le monde était choqué, mais beaucoup ne réagissaient pas. Nous avons envoyé un texte, et nous n'étions pas les seuls. Je ne sais pas ce que cela a produit, mais enfin, elle a évité de le redire une deuxième fois. C'est fou, non ?

- Cela fait d'autant plus de mal lorsque ce genre de propos provient de quelqu'un qui a du pouvoir.

- Bien sûr. Une animalerie ou des salles de culture de cellules, bien sûr que ça coûte cher. Mais, on ne fait pas du tout le même métier : je vois les physiciens quand ils partent le soir, ils coupent le laser et ils mettent un drap noir sur l'appareil. Ils peuvent partir trois ou quatre jours. Un biologiste doit être présent tous les jours, c'est un éleveur, un cultivateur, c'est très lourd et ça coûte très cher.

- Cela coûte tout de même moins cher que l'astronautique !

- Oui. Quand on voit que pour sauver EDF ou Areva, on donne deux ou trois milliards pris dans la poche des contribuables ! Là, il n'y a pas de discussion, on ne demande pas ton avis. Le coût du nucléaire en France, c'est typiquement exorbitant, et maintenant on parle du coût pour démanteler les centrales qui sont vieilles. Areva construit de nouvelles centrales qui coûtent des fortunes, le budget au début, c'était 3 milliards, maintenant c'est 12 ou 15 milliards, c'est fou. Mais non, ça c'est la France ! Des gens sont très puissants. Le lobby nucléaire en France, c'est incroyable.

- Ils sont puissants et le système se reproduit : une puissance dans la durée et manifestement indépendante du pouvoir politique.

- Oui, c'est les X-Mines.

- Gouvernement de droite ou de gauche, pas de différences majeures.

- Absolument, c'est les X-Mines. Et c'est impressionnant parce qu'ils ont un pouvoir formidable, même s'ils font des âneries. Je me souviens du fameux épisode des avions renifleurs sous Giscard. Cela avait coûté une fortune et c'était des polytechniciens qui s'étaient faits avoir, des gens sortis des meilleurs moules. Il a fallu qu'un jour Giscard s'inquiète et demande à Giraud, le ministre qui était lui-même X-Mines, de s'en occuper. Dans l'après-midi même, Giraud lui a dit qu'il avait affaire à des aigrefins. Cela avait coûté une fortune, 500 millions de francs. Deux aigrefins avaient floué la fine fleur de « l'establishment » français. Parce que les gens sont habitués à se mettre au garde-à-vous si le patron dit qu'une chose est bien, même si on a des doutes. Je suis également choqué de voir le coût du nucléaire. À l'Institut Curie, Constant Burg, très ami avec Jean Pellerin, l'homme qui nous a expliqué que le nuage de Tchernobyl s'était arrêté à la frontière française ou l'avait gentiment contournée, était à fond sur les mêmes idées :

toute critique du programme nucléaire provenait d'agents de l'étranger qui voulaient diminuer la puissance de la France. On nous avait pourtant parlé des retombées des essais nucléaires à Mururoa. Je me souviens de la visite du secrétaire d'État à la Recherche de l'époque, François d'Aubert, à l'Institut Curie. À l'époque, Ethel Moustaki avait montré que la réponse aux radiations était différente selon les individus. J'étais là, et j'ai entendu Constant Burg dire à François d'Aubert : « Madame Moustaki vient de montrer que les normes imposées sur le nucléaire n'ont aucun sens puisqu'elle montre que les différences entre individus sont importantes ». Je lui ai dit : « Lorsque des personnes se blessent avec un couteau, certaines saignent longtemps et d'autres réparent vite. Diriez-vous pour autant qu'il faut en conclure que les normes sur l'emploi des armes blanches n'ont aucun sens ? ».

- C'est presqu'une sélection naturelle « nouvelle vague » !

- C'est fou. Un rapport à l'une des académies (pas celle des sciences) sur l'affaire de Tchernobyl, sur l'attitude de Pellerin et de l'organisme qu'il dirigeait, a été signé par trois académiciens qui ont donné leur quitus. On a appris par la presse que le texte avait été écrit par Pellerin lui-même. Parmi les signataires figurait Jean Coursaget, ancien président du conseil d'administration de l'Institut Curie, et qui était encore au CA. C'était un homme charmant. Je le rencontre et je lui dis : « Vous avez vu ce que dit la presse sur le rapport que vous avez signé ? ». Il me répond : « Des conneries, des conneries ! ». « Vous allez démentir ? ». « Surtout pas ! ». Voilà, ça c'est la France. La vérité officielle, c'est que Tchernobyl a épargné la France. Mais dans le Vercors, les champignons étaient contaminés avec du césium. Ils auraient simplement dit aux paysans : « Pendant quinze jours, nourrissez vos bêtes avec du foin que vous avez en réserve, ne les mettez pas au champ ». Mais non, surtout ne pas affoler les populations, cela pourrait nuire au programme nucléaire ! Ça c'est la France : l'autoritarisme et le manque de respect.

6.2. Des spécificités françaises

- Toujours dans le même ordre d'idée, d'où vient cette spécificité française des universités et des organismes de recherche ?

- Historiquement, la recherche française était au trente-sixième dessous dans les années 1930, un seul institut existait en biologie, l'Institut Pasteur, sinon la recherche se faisait dans les universités. La décision de créer les organismes de recherche a été prise. Au lieu de dire : « Comment on fait pour dynamiser la recherche dans les universités ? », des organismes de recherche ont été créés. Je pense que c'est le Front populaire qui l'a plus ou moins décidé, en s'inspirant de ce qui se passait à l'étranger. Cette dichotomie s'est aggravée terriblement lorsqu'il y a eu la massification des études supérieures. Lorsque j'ai passé mon baccalauréat, nous n'étions pas si nombreux que ça, il n'y avait pas 80 % des jeunes qui passaient le bac.

- Aujourd'hui, beaucoup plus encore passent le bac et plus de 80 % l'obtiennent, et tout le monde parle du niveau très moyen du bac.

- A mon époque, il n'y avait pas 80 % qui l'avaient, on passait le bac mais il y avait un couperet.

- L'élève de terminale, depuis fort longtemps, a le choix de s'inscrire en première année de licence ou en première année de classe préparatoire.

- Ça, c'est un grand sujet, c'est très français. Lorsque j'étais en Math-Élem au lycée Buffon, le professeur de maths voulait que je fasse « Math Sup », mais comme on m'avait dit plus tôt que je ferai Agro, je suis allé au lycée Saint-Louis car il n'y avait pas de classes préparatoires au concours de l'Agro au lycée Buffon. Toutes ces grandes écoles datent peu ou prou de Napoléon, créées pour des raisons historiques. Il ne s'agit pas de les supprimer. Par contre, je serais à fond pour supprimer les classes préparatoires, mais ça, c'est impossible, c'est un lobby extrêmement puissant. Je me souviens que Jean-Claude Pecker qui était professeur au Collège de France et qui était physicien, a dit en 1981 qu'il fallait supprimer les classes préparatoires. Il l'a redit au moment de SLR, mais il parlait dans le vide, parce que les professeurs de classes préparatoires ont un pouvoir incroyable. Ils ont peu d'heures de cours par semaine, ils ont un bon salaire, ils font des colles qui doublent leurs salaires et ils ont des élèves très motivés qui ne demandent qu'à ingurgiter ce qu'on leur met dans le crâne. C'est un pouvoir énorme et c'est un pouvoir qui va loin. Par exemple, à l'ENS, quelqu'un m'a dit, je n'ai jamais vérifié, que pour la khâgne du lycée Henri IV, qui elle-même sélectionne ses étudiants sur tout le territoire, les colles sont assurées par des professeurs de l'ENS qui repèrent les « bons » éléments avant le concours. Je crois qu'une année, pour la promotion de l'ENS en Lettres, 80 % des élèves venaient de la même classe préparatoire. Ça aussi, c'est très français. C'est étonnant que les grands lycées qui ont des classes préparatoires portent tous des noms de rois. J'étais à Saint-Louis, il y avait Louis-le-Grand, Henri IV, c'est quand même drôle. Mais ça a un gros défaut, les classes préparatoires divisent les élèves très tôt. À 15 ou 16 ans, les élèves se retrouvent dans deux groupes différents, ce qui est très mauvais sociologiquement. Ce système a eu son mérite pendant un temps. Je me souviens de Louis Armand, le patron de la SNCF, qui était sorti d'un petit village savoyard. L'instituteur l'avait repéré et il avait fait Polytechnique. Mais aujourd'hui, ce n'est plus ça. Je crois que sont recrutés à l'École Polytechnique une majorité d'élèves dont les parents connaissent les codes des formations supérieures. C'est très dommage de séparer les jeunes si tôt ; ce serait au contraire excellent qu'ils interagissent, on trouvera toujours assez tôt qui sont les « meilleurs », ceux qu'il faut envoyer là plutôt qu'ailleurs, mais qu'ils restent ensemble, qu'ils se parlent. Je vois ça de près dans certaines familles, les parents depuis la naissance ne pensent qu'à ça, ils serrent les fesses pendant toute l'enfance de leur gamin dans l'espoir de lui faire intégrer une grande école. Par exemple, en Île-de-France, les enfants des bonnes familles sont mis chez les jésuites, d'abord à Louis-de-Gonzague, après à Sainte-Geneviève-Ginette ; ils rentrent dans un tunnel puis en sortent pour une École. On ne sélectionne pas sur la créativité, mais sur la capacité à bien travailler, à bien organiser son travail.

- La mémoire, l'organisation, la concentration…

- Oui, mais tout ce qui est créativité est évacué et même mal vu. Contrairement à d'autres pays où, au contraire, on sélectionne sur l'inventivité. La formation par la thèse de recherche n'est pas valorisée en France. L'élève qui veut sortir du chemin s'entend répondre : « C'est ça et pas autre chose ! ». Après la grande école, il y a les grands corps, toute l'économie et l'activité du pays sont mises en coupe réglée par les grands corps qui décident de tout. Le lobby nucléaire est un bon exemple.

- L'appartenance sociale est déterminante ?

- Voilà, c'est l'Ancien Régime. Mon père était professeur en classe préparatoire aux Arts et Métiers, il n'avait que des bons étudiants. Il avait reçu un livre de mathématique pour les classes de math-sup et math-spé que j'ai gardé d'ailleurs. Publié en 1955, l'auteur écrivait dans la préface : « Le problème en France est que lorsqu'on intègre une grande école, on rentre en pré-retraite ». En 1955 ! C'est toujours vrai : tu sors d'une école et ça y est, tu peux être mauvais, tu peux faire perdre des millions ou des milliards à ton entreprise ou à un secteur, ce n'est pas grave. Tu rentres en pré-retraite. Et ça, c'est le grand mal français, le vrai problème. Ni la droite ni la gauche n'en parlent, je dirais encore moins la gauche parce qu'elle a beaucoup plus de liens avec ces milieux-là. L'ENA se surajoute. Autour du président de la République, non seulement tout le monde sort de la même école mais aussi de la même promo. C'est l'Ancien Régime ! D'ailleurs on sent bien qu'il y a un énervement, les gens commencent à en avoir marre. C'est dramatique. Pour moi, les prépas, c'est le succédané du petit séminaire. Auparavant, il y avait les petits et grands séminaires quand l'Église avait un pouvoir énorme dans la société. Tu rentrais au petit séminaire, c'était la bonne voie pour être bien formé, et tu poursuivais éventuellement par le grand séminaire si tu te destinais à une carrière ecclésiastique. Hé bien c'est pareil, les grandes écoles c'est l'équivalent du grand séminaire. Et ça, tu ne le supprimeras pas, même si ça pèse très lourd sur le système français. Le petit séminaire, ça n'existe plus dans l'Église, mais avec les prépas, ça existe encore dans la société civile.

- C'est marrant cette analogie !

- C'est exactement ça. Ces jeunes qui n'ont pas levé le nez pendant deux ou trois ans avant d'entrer dans une école, parfois de justesse, risquent de ne pas avoir de passion. Je me souviens d'un copain : son père était sorti de Centrale, il m'a dit qu'il n'avait qu'un livre de chevet : l'annuaire des anciens élèves de Centrale. Chaque année, il regardait ceux de sa promotion, ceux qui étaient promus, ceux qui faisaient mieux ou moins bien que lui. Ça fait des gens puissants qui ont tous les pouvoirs et tous les droits, non par naissance mais par cursus universitaire. Ce n'est pas comme ça aux États-Unis, me semble-t-il. Un individu peut avoir fait les meilleures universités, s'il ne fait pas ensuite ce qu'il est censé accomplir, il se fait virer. En France non, tu te fais virer, mais tu te fais mettre plus haut, ailleurs. C'est un vrai problème. Ce débat n'est jamais sérieusement abordé. On parle beaucoup du modèle français qui coûte très cher. Mais le modèle français, qui en bénéficie le plus ? C'est l'élite avec ce système d'Ancien Régime. En Allemagne, les responsables prennent plus de risques. En France, tu peux être très mauvais, tu peux diriger une banque, passer d'une banque à une administration, d'une administration à un cabinet, tu peux pantoufler, tu peux te faire un carnet d'adresses pendant trois ou quatre ans, et ensuite le négocier très cher dans un nouveau poste. Et la reproduction perpétue le système, on se débrouille pour que les enfants suivent le même chemin. C'est l'Ancien Régime. Je ne sais pas exactement combien de professeurs de classes préparatoires il y a (environ 6 000), mais c'est un lobby hyperpuissant. Ils doublent leur salaire avec les colles, je l'ai déjà dit, mais ce doublement de salaire n'est pas compté pour la retraite. Quand ils prennent leur retraite, le calcul est réalisé par rapport à leur salaire, un changement de statut intervient. Ils font du lobbying, m'a-t-on dit, pour que ça soit pris en compte. Je me souviens d'un professeur de classes préparatoires en maths à Louis-le-Grand. Il avait arrêté parce que les élèves étaient plus brillants que lui. Il y avait deux garçons dans sa classe qui avaient eu la médaille Fields quelques années plus tard. Mais il avait également sa fille et son gendre qui étaient tous les deux professeurs de classe préparatoire ; ils avaient un pouvoir d'achat incroyable !

- C'est vraiment une niche !

- Oui. En plus, tu as des élèves dociles, tu n'as pas de problème d'autorité, ils sont là à prendre en note le moindre mot que tu dis. Il n'y a que la France qui a des prépas. C'est différent en Angleterre : les Collèges sont l'équivalent de nos licences, bien que certains d'entre eux (Oxford ou Cambridge par exemple) soient très sélectifs. Un jour, je me suis retrouvé à Cambridge pour un congrès physique-biologie et le soir, j'étais invité à la table haute d'un des Collèges. On t'assigne une place, et tu as à côté de toi des personnes que tu ne connais pas avec qui tu vas discuter. Et puis, après le repas, une bouteille de porto passe de mains en mains, fait des allers et retours plusieurs fois, on discute toute la soirée, c'est vraiment spécial, très anglais. Et à côté de moi, il y avait un homme très anglais, âgé, je crois qu'il avait 85 ans, il s'appelait Simon Bragg. C'était le fils du premier et le frère du deuxième prix Nobel de la famille ! Deux Bragg, cristallographes, ont eu en effet le prix Nobel, le père et le fils. Lui avait fait toute sa carrière dans les moteurs Rolls-Royce. Il était très agréable et il m'a raconté plein de choses sur la vie de ce Collège : les bagarres folles pour accepter des filles au Collège par exemple ! À l'époque, la France avait tout de même un autre statut, encore que... Il m'a expliqué qu'Oxford avait été créée par la Sorbonne, par des moines de la Sorbonne qui sont arrivés par Newcastle. Oxford a créé Cambridge, et Cambridge a créé Harvard. Tout était parti de la Sorbonne ! Une autre époque !

7. Autres facettes de la politique de la recherche

7.1. Rapports entre science et politique

- Quels sont les rapports entre la politique et la recherche, historiquement et au cours des dernières années ?

- Depuis quelques années, je me suis moins impliqué ! Je vis ma vie et je m'occupe de science, beaucoup. Je trouve que c'est à d'autres de parler, aux plus jeunes. Déjà, au moment de SLR, en 2005, je n'étais plus tout jeune ! C'est aux plus jeunes de prendre leurs responsabilités. Depuis quelques années, tout ce qui est Labex, Idex et autres Ex, même si j'en profite à l'Institut Curie, ne me concerne plus vraiment. J'y vois la marque du management, le besoin d'organiser les choses d'en haut, par des gens qui ne sont pas forcément près de la recherche. J'ai l'impression que dans d'autres pays, comme l'Angleterre ou l'Allemagne, les chercheurs ont beaucoup plus leur mot à dire qu'en France. En France, c'est toujours la haute administration qui décide. Certains viennent de la recherche, mais ce ne sont pas des chercheurs fanatiques, en tout cas ils ne s'intéressent pas assez à la recherche pour continuer. Je pense que les grandes orientations dans les autres pays se décident plus près des acteurs eux-mêmes. Je reste convaincu que la France est un pays de notaires et d'administrateurs, c'est un pays du livre, et même s'il y a eu et s'il y a encore des grands scientifiques, le poids de la science est toujours mis en tutelle. J'ai entendu il y a quelques années deux ministres de l'Éducation Nationale, un ancien, Jack Lang, et un récent, Xavier Darcos, se vanter l'un et l'autre de ne pas savoir faire une règle de trois. C'est quand même tragique ! Tout ce qui est humanités, livres, etc., est mis très haut, même si les gens ne lisent pas tout, loin de là ! Mais tout ce qui est science est traité de très haut par les décideurs. On en est là. J'entendais récemment une enseignante-chercheure de Lyon qui disait : « Il faut tout réapprendre aux jeunes, à l'université, il faut leur apprendre à faire une règle de trois ». Dans toute ma carrière, j'ai vu des plans se succéder les uns après les autres sans jamais donner une réelle autonomie. On ne fait jamais vraiment confiance aux chercheurs, ils sont toujours en tutelle, traités un peu comme des irresponsables, qui pensent à leur plaisir, à dépenser de l'argent, etc. Il y a vraiment cet esprit, à droite comme à gauche.

- Et ce n'est pas vrai que les chercheurs sont des irresponsables ? Où et quand ont-ils appris à gérer un budget ?

- Nulle part. Cela s'apprend tous les jours à gérer un budget.

- Peut-être y a-t-il tout de même un manque dans les formations ?

- C'est possible, mais on ne peut pas être bon en tout. Ce qui est agréable dans les pays anglo-saxons, c'est qu'ils se débrouillent pour décharger les chercheurs de trop lourdes charges administratives. Une gestion efficace est souvent faite par un non scientifique qui est dans le département, et qui est au service de la recherche. En France, c'est plutôt l'inverse, les chercheurs sont au garde-à-vous devant l'administration. Les gens de l'administration ont un pouvoir énorme sur la vie des chercheurs, sur la vie des laboratoires, alors qu'ils ne sont pas compétents sur ces domaines. J'ai été un piètre gestionnaire, cela ne m'a jamais intéressé, mais je vois des collègues qui sont très bons, ils font cela de façon très efficace, c'est une question de tempérament. Il faut que les chercheurs puissent travailler tranquillement. Ou bien c'est une activité importante pour un pays, ou bien elle n'est pas importante. Si on est d'accord pour dire qu'elle est importante, il faut qu'elle soit réalisée dans de bonnes conditions. Comme me disait récemment cette enseignante-chercheure à Lyon : « On a l'impression de faire un marathon avec un sac de 40 kg sur le dos ». Alors que les « autres » n'ont rien sur le dos, ils marchent légèrement. On demande aux chercheurs à la fois de faire de la recherche et d'avoir des charges administratives importantes. Les enseignants-chercheurs, n'en parlons pas, non seulement ils ont leur enseignement, avec les préparations, les corrections, mais en plus les réunions administratives qui leur prennent un temps fou, qui les découragent rapidement de faire de la recherche, parce qu'ils n'y arrivent pas. Ils se réfugient dans des activités parallèles qui les sécurisent, parce qu'elles sont également utiles, mais du coup, ils changent de métier. J'estime que cet esprit français de rationalisation des choses, de faire des lignes Maginot, des plans écrits noir sur blanc, n'est pas une bonne façon de procéder. Combien de fois j'ai vu des directeurs des sciences de la vie annoncer des grands plans de financement, pour apprendre ensuite que dans le budget prévu, les trois quarts sont déjà attribués. Mais ils sont comptés dans le budget de l'opération. On se rassure en disant qu'on fait un plan à 200 millions, mais il y en a 190 qui sont déjà imputés chaque année, qui sont incompressibles.

- Ce qu'avait proposé le gouvernement Sarkozy, c'est ce que tu dis, mais puissance dix ! Concernant, le Grand Emprunt, dans la presse, on parlait de milliards pour la recherche, mais ce sont les intérêts en millions qui sont distribués, non pas aux universités, mais aux anciens PRES ou aux ComUE qui, elles-mêmes, en prennent une partie pour leur propre fonctionnement, et qui redistribuent le reste sous forme d'appels d'offre…

- C'est ça. C'est toujours des constructions invraisemblables !

- Pour revenir sur la transition politique en 2007. Sarkozy-Pécresse propose les PRES et les Idex, et le gouvernement socialiste en 2012 ne change rien, au contraire : il amplifie cette action.

- En France, les politiques sont élus régulièrement, mais la technostructure, elle, ne change pas. Les politiques changent de ministères et ils n'y connaissent rien. Ils sont dépendants de la haute fonction publique qui dit comment il faut faire, et le ministre accepte. C'est le fameux adage « Feignons d'en être l'auteur », et je crois que c'est ça le problème de la France : le véritable pouvoir, c'est la technostructure. On peut être ministre sous Sarkozy et secrétaire général de l'Élysée du temps de Hollande. On s'aperçoit que ces gens-là ont un pouvoir énorme ; ils connaissent tout le monde. Et pour la recherche, on n'arrivera jamais à donner une véritable autonomie. La société Max Planck, par exemple, personne ne leur dit ce qu'ils doivent faire. Je m'étais renseigné à l'époque. Les scientifiques définissent des grands programmes et la société met en œuvre, investit sur tel axe, recrute, etc.

- Comment sont financés les Instituts Max Planck ?

- C'est une société privée en fait. Mais ils ont des lignes de financements publics. Je ne connais pas les détails, mais ce qui m'avait frappé, c'est que les grandes orientations étaient décidées par les chercheurs, alors que chez nous, c'est par le pouvoir politique. Même s'il y a des pressions dans tous les pays pour que la recherche soit utilisable, en France c'est une caricature. On revient à notre discussion précédente sur universités et grandes écoles. Il y a ces deux cultures, celle de l'ingénieur et celle du chercheur, en France. J'ai connu ça en arrivant dans le métier, j'étais considéré comme un ingénieur, qui ne sera jamais un vrai chercheur. Vice versa, les ingénieurs considèrent que les chercheurs sont des sous-produits par rapport à eux. La formation d'ingénieur est une formation d'efficacité, d'organisation, et on espère de créativité, mais ça on n'en parle jamais. Et comme les grandes écoles fournissent à la fois la haute fonction publique et les grandes directions, on arrive à un système où les chercheurs sont mis en tutelle. C'est mon sentiment, depuis toujours. C'est vrai qu'il y a peut-être une sorte d'adolescence prolongée chez les chercheurs, le fait de n'être jamais d'accord, de toujours être curieux du lendemain plutôt que de s'asseoir sur ses lauriers peut être agaçant pour des décideurs. La pire obscénité pour les décideurs, c'est que ces chercheurs, qui ne sont pas le plus souvent des gens d'argent, prétendent en plus prendre du plaisir à faire ce qu'ils font, alors qu'ils travaillent soixante-dix heures par semaine. C'est intolérable !

- Le rapport entre science et politique ?

- Il y a eu plusieurs époques : Jean-Pierre Chevènement a essayé de faire quelque chose. Il a dit une fois, peut-être au moment de « Sauvons la Recherche », dans une émission sur la recherche à France Culture: « Le politique qui prétend que les scientifiques vont faire ce qu'il décide n'est pas encore né ! ». Parce qu'il avait essayé, et qu'il s'était cassé les dents. C'est bien que la recherche ait une vie propre. C'est sûr qu'il y a eu longtemps l'esprit « tour d'ivoire ». On n'avait rien à voir avec le monde économique. Pour moi, ces gens-là, au Moyen Âge, auraient été des moines. Dans les monastères, ils se seraient mis à l'écart d'une société de violence. Il y avait effectivement ce côté tour d'ivoire : je ne me salis pas les mains dans les affaires économiques. Aujourd'hui, ça a beaucoup changé. Ce qu'il faut, c'est développer l'interfaçage entre les connaissances et l'économique. Ce point a été débattu de nombreuses fois. On ne va pas tuer la poule aux œufs d'or. Régulièrement, tous les cinq ou dix ans, les chercheurs ont à défendre leur activité, face aux restrictions de crédits, face aux applications. Quand j'étais à Pasteur, François Jacob avait pris comme exemple, pour défendre la recherche fondamentale, celui du train où l'on disait : « Ce wagon transporte du charbon, on le garde, ce wagon, du bois, on le garde, puis on arrive à la locomotive : ça transporte quoi ça ? Rien. Bon, on n'en a pas besoin ! ». Il y a eu beaucoup d'exemples. Il faut sans arrêt se battre. Je pense aussi qu'il faut être exigeant pour la vie des laboratoires. J'ai connu des laboratoires où il y avait plus ou moins de laxisme, pas dramatique mais quand même. Au

CGM, je me souviens d'un chercheur pour lequel je m'étais battu, qui arrivait de l'EMBL, microscopiste électronicien. Il n'a pas été bien accueilli, mais j'avais poussé à fond pour qu'on obtienne du CNRS un crédit spécifique pour qu'il puisse acheter un beau microscope électronique, un vrai, un moderne ; ça coûtait cher ! Finalement, on l'a obtenu. Du jour où le microscope a été installé, il a mis son bureau devant la porte et chaque fois qu'il était absent, en vacances ou en colloque, la porte était fermée à double tour. C'était sa propriété. Ça, ce n'est pas tolérable. Et je trouvais que le CNRS était trop laxiste ; il aurait dû poser des règles strictes. À l'Institut Curie, on a fait tout à fait l'inverse. Tout était collectif. C'est en train de changer un peu, parce qu'il y a ceux qui ont l'ERC *(European Research Council)*, financement européen, et évidemment ils ont plus de moyens, plus de possibilités. Mais quand même, il y a une pression pour que les choses restent au maximum collectives, avec cette idée que c'est autour des machines que les jeunes discutent, échangent. C'est comme ça que les gens se connaissent et travaillent. Alors que si chacun ferme la porte de son laboratoire, on n'a pas d'interactions.

- Il y a quand même beaucoup d'instruments qui rendent solitaires. À passer des heures au microscope, on n'est pas en train de discuter avec d'autres…

- Oui, mais le simple fait que tu aies à réserver…

- C'est mieux qu'un microscope par labo !

- Oui. À Curie, il y a des plateformes qui marchent bien et tu réserves. Et donc, d'un côté, je trouve que le CNRS était trop laxiste, il aurait dû être plus exigeant, avec une charte d'utilisation de ses locaux et de ses moyens plus sévère ; des choses sont tolérables et d'autres ne le sont pas d'un point de vue comportement. Par contre, il devrait y avoir plus d'autonomie, sur les choix des thèmes de recherche. Ce que j'ai mal suivi depuis SLR, c'est le découpage du CNRS en morceaux par disciplines. Je ne vois pas bien la finalité de la création en 2009 de l'Aviesan, alliance nationale pour les sciences de la vie et de la santé, sinon de créer une couche administrative supplémentaire. Le CNRS faisait peur, on l'a vu. Il était un peu le temple de la connaissance, l'incarnation même de cette idée que la connaissance était intouchable, il fallait le casser. Il y a eu une longue période de tour d'ivoire qui était quand même véhiculée par tout le monde, par les syndicats y compris. Même au moment de SLR, des gens défendaient un point de vue que je désapprouvais, en disant : « Foutez-nous la paix, on sait ce qu'on a à faire, on n'a besoin de personne, donnez-nous des moyens et laissez-nous tranquilles ». Je ne suis pas pour cette attitude-là du tout. Mais il ne faut pas que cela se renverse et que ce soit la recherche au service de managers qui n'y connaissent rien, et qui en plus méprisent les compétences. Les managers se croient capables de manager n'importe quelle activité. Et ils ont presque la mentalité « moins ils en connaissent, meilleurs ils sont ». Ils ne rentrent pas dans les détails. C'est un peu le même esprit que dans les start-ups. Au début, tu confies ça pendant un an ou deux à celui qui a inventé le procédé et déposé les brevets, et ensuite tu mets des managers qui n'y connaissent rien mais qui connaissent le marketing. Maintenant, il y a eu plein de périodes différentes. Avant que je rentre dans la recherche, la recherche criait misère, les chercheurs étaient pauvres comme Job, comme beaucoup d'activités ; il y a eu le milliard de francs donné par De Gaulle. À l'époque, le comité des sages conseillait le pouvoir et la DGRST (Direction générale à la recherche scientifique et technique), qui était une agence de moyens très efficace, avait été très importante pendant ma jeunesse. C'était Pierre Aigrain qui était le patron, c'étaient des gens qui avaient une vision, qui organisaient des sessions d'été par thématiques, les comités étaient chargés d'organiser des réunions avec le milieu, et c'est à cette époque que De Gaulle a donné de l'argent à la recherche en disant qu'elle était trop pauvre : il avait compris que l'indépendance de la France dépendait de sa recherche, et c'est à ce moment-là qu'il y a eu une présentation du comité des sages sur les perspectives de la recherche. Et De Gaulle, qui n'était pas le mieux préparé à ça, a dit – je l'ai entendu de vive voix plus tard parce que cela avait été enregistré – « De tout ce que j'ai entendu jusque-là, c'est la biologie moléculaire qui me semble le plus prometteur ». C'est là qu'il y a eu un effort sérieux par la DGRST sur cette discipline. Pourquoi la biologie moléculaire en France a été forte ? Parce qu'elle était soutenue politiquement. Parce que De Gaulle a compris qu'il se passait quelle chose de nouveau, un nouveau territoire, et qu'il fallait que la France y soit. Mais tous les politiques ne sont pas de ce niveau. La DGRST a été très importante, beaucoup de gens avaient une bourse DGRST, il y avait des réunions tous les deux ans, par thème, organisées par la DGRST qui était le bras armé politique pour soutenir la recherche, qui confiait la préparation de ces réunions à de « vrais » chercheurs. Je crois que cela a été très important. La DGRST était un outil de pilotage où les chercheurs avaient leur mot à dire. Le délégué général à la recherche était un type intelligent, il visitait les laboratoires, il connaissait les gens, il s'appuyait sur les hommes. C'est ça le gros problème, avoir les moyens de faire de bons choix, motivés par une vision explicitée.

- C'est quoi l'équivalent aujourd'hui ? L'ANR ?

- Oui. Mais ce n'est pas la même structure ni le même fonctionnement. La DGRST n'était pas une agence de moyens, c'était un intermédiaire entre les politiques et les organismes. Les personnes de ma génération et même après ont été très marquées par les actions de la DGRST. C'était aussi important que le CNRS. Quand le milieu se rebellait parce qu'ils n'avaient pas assez de moyens, les personnels n'allaient pas au

CNRS, ils allaient à la DGRST. Je ne sais pas qui a décidé d'arrêter la DGRST.

- Pour quelles raisons, parce que ça avait l'air de bien marcher ?

- Ça a très bien marché. Il y aurait toute une histoire à écrire, moi je voyais ça de mon laboratoire. Je pense que la DGRST a eu un rôle très important pour redynamiser la recherche.

- Et Georges Pompidou ?

- Pompidou disait : « Faire de la recherche, c'est comme avoir une danseuse ! ». Et Fabius a pris plus tard le relais en disant que c'était comme arroser un tas de sable. Et on l'a bien vu récemment, ils prennent des milliards pour soutenir EDF, pour soutenir AREVA. On ne nous demande pas notre avis mais ils prennent l'argent à la recherche, en espérant que ça ne réagira pas beaucoup. La recherche a toujours été la dernière roue du carrosse, pour beaucoup de politiques qui pensent à court terme. Les bénéfices à en attendre sont à trop long terme. Alors que les pays qui n'ont jamais négligé leur enseignement supérieur et leur recherche s'en tirent beaucoup mieux. Je ne sépare pas l'enseignement supérieur de la recherche. Cette coupure entre l'enseignement supérieur, les facultés, et les laboratoires plein temps recherche, était possible parce qu'il y avait les grandes écoles qui fournissaient les cadres à l'activité économique dans tous les secteurs, on a laissé aller les choses à vau-l'eau. Chacun a sa vision et chacun peut se tromper, mais collectivement, quand on est 12 ou 15 à débattre, c'est quand même mieux. Et les politiques normalement, sous De Gaulle en tout cas, écoutaient et se donnaient les outils. Maintenant, il y a des conseillers, on ne sait pas qui les nomme, pourquoi, comment, tout cela se fait par cooptation, par coups de fils : « Je le connais, il est de ma promo »... Ce ne sont pas des gens vers qui on peut se retourner, parce qu'on ne sait même pas ce qu'ils font, on ne sait pas comment ils conseillent le Prince…

C'est tout de même amusant que j'en sois à défendre l'attitude politique de De Gaulle vis-à-vis de la recherche, alors qu'on la critiquait volontiers. Mais on ne savait pas ce qui viendrait après ! J'ai aussi le souvenir de bagarres éternelles entre l'INSERM et le CNRS, une espèce de guerre picrocholine complètement idiote, tous les gens se bouffant le nez. Comme si le fait d'être responsable d'un organisme imposait de défendre aveuglément l'organisme. J'ai vu des bagarres à l'époque de Jacques Demaille au CNRS et Philippe Lazar à l'INSERM : il y avait sans arrêt des contentieux, pour les postes, pour tout. Complètement idiot. Ça concernait évidemment les disciplines biologiques, avec l'INSERM. J'aimais beaucoup l'organisation ancienne du CNRS où il y avait toutes les disciplines, mais c'était un pari presque philosophique, un organisme à la pointe de la connaissance dans tous les domaines. Il n'empêche que le CNRS réunissait les meilleurs labos de toutes les disciplines, tous les meilleurs labos étaient soit CNRS, soit affiliés au CNRS. Avant c'était beaucoup plus intégré. Peut-être que ce n'est plus possible, que ça a grossi terriblement, et qu'il fallait évoluer. Je ne dis pas que tout est négatif, mais j'ai l'impression que des gens comme Catherine Jessus (ancienne directrice de l'Institut des sciences biologiques du CNRS) a eu encore moins de moyens que n'en avaient les directeurs des sciences de la vie de l'époque, il y a dix ou quinze ans. Au moment où elle a été nommée, quelqu'un de l'Institut Curie avait également candidaté. Je lui avais déconseillé totalement. Il m'a dit après coup qu'il était le seul à proposer un programme de direction, avec une vision de la biologie pour diriger cet Institut des sciences de la vie du CNRS, mais ce n'est pas du tout ce qu'on attendait. La question était : comment concrètement vous allez faire les choses pour que ça tourne, pour qu'on n'ait pas trop de problèmes ? Je trouve qu'il n'y a plus de vision, à part des endroits où on fait très attention, comme à l'Institut Curie justement. Tous les lundis, un thésard ou un chercheur post-doctoral présente son travail pendant une demi-heure, ou un patron pendant une heure. Les équipes ont la responsabilité de leur sujet, mais on fait très attention à ce qu'il y ait une vie commune, beaucoup d'échanges. Ce n'est peut-être pas la même chose partout. Je me souviens de l'époque où il y avait quelques grosses maisons par discipline et les patrons se répartissaient les moyens distribués par les organismes. Ils contrôlaient une commission, ils étaient trois, un tiers des postes chacun, point final. Et s'il y avait un petit déséquilibre une année, on le récupérait l'année d'après. Des relais non identifiés jouaient un rôle très important.

- La solution, c'est quelque chose qui ressemblerait à l'Institut Curie, une masse critique, un même lieu géographique, on peut changer d'étage facilement pour aller discuter, utiliser une plateforme commune.

- Il faut une taille maximum, et il faut des pratiques. Sans lesquelles il n'y a pas de dynamique, un certain nombre de règles. Par exemple, la règle de la retraite scientifique tous les ans ou tous les deux ans, c'est bien. C'est ce qui se passe à l'Institut Curie. Les chercheurs et les autres personnels se retrouvent pendant deux ou trois jours dans un endroit éloigné, et on passe en revue tous les sujets, y compris les problèmes pratiques. L'organisation de la retraite est confiée chaque année à des personnes différentes, jeunes. C'est une charge, mais c'est gratifiant sur le plan scientifique. Et puis il faut des réunions régulières, une série de séminaires internes et externes, pratiques sans lesquelles la recherche ne peut pas être dynamique, et qui évitent tout enkystement. Parce que c'est un métier où on peut s'enkyster, on peut petit à petit s'enfermer dans sa bulle. C'était possible avant, ce n'est plus possible.

- Si je reviens sur des actions qui te concernent plus directement, tu es tout de même intervenu souvent dans le champ de la politique de la recherche.

- Je suis intervenu souvent parce que j'ai toujours considéré qu'on ne pouvait pas être quelque part et se retirer de la mêlée et regarder les choses de loin. Je n'ai jamais eu beaucoup d'estime pour des collègues qui ne disaient jamais un mot, qui n'intervenaient jamais, qui n'apportaient jamais leur pierre à l'édifice. Par constitution, par structure, je suis toujours intervenu dans les débats qui nous concernaient collectivement. Mais je n'ai jamais servi, à part une ou deux fois, pour distribuer de l'argent au nom de l'ANR ou du ministère, ou présider des comités ; je n'ai jamais eu à intervenir sur les structures de la recherche, à dire mon point de vue. Mais j'aurais quelques règles très strictes : être exigeant vis-à-vis des laboratoires, sur les pratiques, et donner une autonomie beaucoup plus grande au milieu de la recherche pour décider de sa conduite. Qu'il y ait des choses prévues pour les applications, c'est normal, que la société ait envie d'avoir des retours sur son investissement, ça me paraît légitime. J'ai des souvenirs de SLR où il y a eu des débats sans fin sur comment organiser la recherche, comment la financer, etc., et certains défendaient une position dépassée, d'isolement total, tout en demandant des moyens. Mais le jour où les gens ont décidé d'écrire les nouvelles structures, avant les assises de Grenoble, en 2005, j'étais à fond contre, j'ai dit qu'on allait se battre sur des virgules. La France est très douée pour ça, on peut se battre pendant des mois sur des règles de fonctionnement, perdre un temps fou, et après, personne ne regarde si c'est appliqué ou non. Et c'est ce qui s'est passé. À partir du moment où les chercheurs ont décidé d'écrire eux-mêmes les règles, les conditions d'exercice, c'était la fin. Des comités pour faire remonter l'information ont été mis en place avec des noms invraisemblables. Et puis la dimension internationale est devenue plus importante ; avant on était isolés, ceux qui partaient à l'étranger étaient rares. Je me souviens, quand j'étais en commission du CNRS, chaque fois qu'on discutait des candidats qui venaient de passer leur thèse, on faisait un rapport et je posais toujours la question : « Où va-t-il partir en post-doc ? ». Je me souviens d'un collègue de la commission qui me disait : « Tu commences à nous emmerder avec ta question des post-docs ! ». Il n'en avait pas fait lui-même et considérait normal de ne pas en faire. On a la chance d'avoir un métier où c'est valorisant de partir à l'étranger pendant un ou deux ans, c'est quand même merveilleux. Pourtant, certains jeunes considéraient que c'était hors de question. Alors que c'est un métier où - au contraire - il faut faire le tour du monde, aller voir son pays de loin. Combien de gens croisés dans la rue à qui tu dirais : « On vous propose de partir deux ans à l'étranger pour votre travail », seraient heureux comme tout ! Et puis, plus récemment, le pouvoir politique a annoncé une loi de programmation de la recherche qui était très attendue dans le milieu scientifique français[16]. Malheureusement, les premiers échos qu'on peut en avoir ne sont pas très encourageants. Le nouveau PDG du CNRS, Antoine Petit, a annoncé une loi « inégalitaire » et « darwinienne »[17]. Cela lui a valu une réponse sévère de responsables de la recherche dans *Le Monde*[18] et d'autres interventions depuis. Une loi de programmation de la recherche qui s'annonce pire que le *statu quo* ! Les managers ont décidément toujours autant de mal à comprendre ce qui motive les chercheurs et la façon dont la recherche devrait fonctionner.

---

[16] https://www.enseignementsup-recherche.gouv.fr/pid39124/loi-de-programmation-pluriannuelle-de-la-recherche.html

[17] https://www.lesechos.fr/politique-societe/societe/recherche-philippe-annonce-une-loi-de-programmation-pluriannuelle-pour-fin-2019-961339

[18] https://www.lemonde.fr/idees/article/2020/02/10/loi-de-programmation-pluriannuelle-de-la-recherche-une-reforme-neoliberale-contre-la-science-et-les-femmes_6029018_3232.html

7.2. Et pour les jeunes ?

- Quelle est la politique de recrutement aujourd'hui ?

- Aujourd'hui, les jeunes ont des réseaux beaucoup plus denses qu'avant, ils se connaissent. À l'Institut Curie par exemple, sur l'effort physique-biologie dont on a déjà parlé, il y a un réseau de réunions qui s'appelle le triangle je crois, entre Amsterdam, Dresde, Heidelberg et Curie (ça fait quatre maintenant – en 2016, *NDLR*), les jeunes, les thésards, les post-docs se réunissent sans les patrons, une fois par an, à un endroit ou un autre, ils se connaissent tous, ils connaissent les sujets des uns et des autres, sur toute l'Europe, je trouve ça génial.

- Sachant qu'ils ne sont pas tous orientés pour des concours de chercheurs ? Certains vont monter une entreprise ou en rejoindre une.

- Oui, bien sûr, il y en a. Mais surtout, ce que je trouve bien, c'est que c'est sans patron, ils s'organisent entre eux, ils ont tous beaucoup d'énergie, ils se connaissent même sur le plan humain, ça fait un tissu.

- Et le fait de se connaître, d'échanger, c'est favorable par rapport à leur travail ?

- Bien sûr.

- Tu as des exemples ?

- La chercheuse Polonaise dont on a parlé, et également un autre biophysicien français, professeur à Londres. Les physiciens théoriciens sont encore beaucoup plus délocalisés que les expérimentalistes parce qu'ils n'ont pas besoin de labo. Ils écoutent des séminaires et font la théorie, comme les mathématiciens. Des chercheurs comme Jacques Prost vont à Dresde, ils vont passer trois ou quatre jours à parler de deux ou trois sujets. Ils vont à Santa Barbara souvent, ou à Singapour.

Ils apportent leur cerveau et c'est tout. Ils connaissent tous les sujets pointus en biologie qui intéressent les physiciens, ils passent leur temps à écouter, ils n'ont aucune expérience à entreprendre. Mais je pense que pour les jeunes, même expérimentalistes, ça fait un changement complet. Tout a changé. Je me souviens, en 1978, André Lwoff était membre de l'Académie des sciences américaine, il recevait les *Proceedings of the National Academy of Sciences, USA* (PNAS), il descendait souvent me voir au premier étage. Un jour, il vient avec un exemplaire et il me dit : « Vous vous rendez compte ? Vous avez vu comme c'est épais ? Comment voulez-vous lire tout ça ? ». Aujourd'hui, il serait effaré de voir la quantité de publications. Au début de la biologie moléculaire, il me disait qu'il y avait dix laboratoires dans le monde qui publiaient un article ou deux par an, qu'on lisait à fond et qu'on débattait dans tous les labos, tout le monde progressait en même temps et se connaissait.

- Mais justement, comment faire aujourd'hui ? La pression pour publier dans des revues cotées est très grande, l'avenir des jeunes en dépend. Et comment fait un jeune chercheur pour suivre les résultats dans son domaine ?

- Il ne suit pas ! Il y a de plus en plus de revues type *Trends In* ou des *Current Opinion In* et les chercheurs, les jeunes ne lisent que des revues. Comme disait Paul Nurse, c'est *Trends in prejudice* ! Un bon article est lu par une poignée de gens qui sont sur le même sujet. Il y a dix ou quinze ans, une fois, on avait un article dans un journal américain. L'éditeur me dit : « Essaye de bien écrire le premier paragraphe de la discussion, c'est le seul qui sera lu ». Les papiers sont lus en diagonale, c'est pour cela que les auteurs ne sont pas toujours très rigoureux. Sauf si tu es pris par un sujet, que tu le fouilles, et que tu lis bien. Mais il y a des exceptions. Récemment, lors de la défense d'HDR d'Alice Meunier, j'étais frappé, elle était très au courant de la littérature, même ancienne. Je le lui ai dit, et elle m'a répondu qu'elle adorait ça, aller chercher les vieux papiers, etc. Je sais que je passe beaucoup de temps à lire de la littérature scientifique, je ne lis que ça d'ailleurs, je ne lis plus de romans depuis longtemps. Beaucoup d'articles ne sont jamais lus, certains sont cités, d'autres pas, et des articles sont cités sans jamais avoir été lus, je suis sûr. Maintenant, il y a des techniques tellement automatiques pour fabriquer des articles, j'en soupçonne beaucoup d'être écrits très vite, mais il y en a aussi de bons ! Alors, comment fait-on ? On connaît les chercheurs en qui on peut faire confiance, et ce sont leurs articles qu'on lit. On les a rencontrés à des congrès, on sait que ce sont des gens qui tiennent debout, qui ont une curiosité, une exigence, on arrive à savoir qui publie des choses solides et qui publie beaucoup de bruit pour pas grand-chose.

- Cela peut poser des problèmes en science appliquée si des personnes prennent l'ensemble des résultats pour en faire des synthèses et entreprendre un développement ?

- En biologie, on peut poser tellement de questions, on peut passer beaucoup de temps sur des choses qui n'intéresseront jamais grand monde. Et puis certains essaient d'avoir une vision plus grande, d'intégrer les choses. Il faut une certaine bouteille en biologie pour voir un peu large. Il y a ce qui est propre à une discipline, et puis ce qu'il y a autour, qui prend beaucoup d'énergie et de temps, pour élaguer, il y a les grands axes... L'avenir de beaucoup de disciplines, ce sera de faire de la biologie, je l'ai déjà dit. Plus on va connaître de choses en biologie, et plus elle va devenir théorique, plus on aura besoin de la conceptualiser. La description est pratiquement terminée, même si on peut encore décrire énormément de choses. Le côté « collection de timbres » de la recherche en biologie, telle que la qualifiaient certains de manière hautaine, n'existe plus. Même la biologie moléculaire, définie par l'un de ses pères fondateurs comme « une manière de faire de la biologie sans avoir à l'apprendre », s'est épuisée. Le numérique a bouleversé toute l'activité de recherche, comme le reste ; on utilise aujourd'hui des microscopes qui sont d'énormes machines donnant accès à des paramètres dont on ne rêvait même pas il y a cinq ans ; tout ce qui est cinétique, tout ce qui est résolution, tout ça est quantifiable et efficacement. Une fois que tu as ces données-là, il faut les penser, il faut les mettre en forme, il faut les réfléchir. Une fois les descriptions passées, il faut comprendre, et ça, ça demande de plus en plus d'apports d'autres disciplines, notamment de la physique et des mathématiques. Le biologiste de demain devra être formé non seulement en biologie, qu'il ait un goût certain pour la biologie, mais aussi des bonnes bases dans d'autres disciplines, en tout cas qu'il puisse au minimum dialoguer avec des gens spécialisés dans cette discipline. Une fois, j'ai participé à une réunion au CNRS sur l'avenir de la biologie, avec des physiciens. Je pense vraiment que l'avenir pour la biologie va être de plus en plus conceptualisé, il va falloir de plus en plus penser et ne pas se contenter de décrire, et pour ça il faudra l'apport des autres disciplines, beaucoup, et on arrivera petit à petit à se rencontrer avec les physiciens pour poser les mêmes questions sur le monde réel. Dans le milieu, il y aura toujours des gens qui feront des propositions fortes : c'est comme en montagne, il y a des voies, il y en a un qui dit : « Je veux passer par là », et c'est lui qui arrive, et les autres suivent. Je pense que c'est pareil dans la recherche, dans la biologie en particulier. C'est tellement vaste le vivant, qu'on peut passer sa vie, toute son énergie, sur un aspect, mais il y a quand même des grands axes, il y a des moments où tu peux avancer dans un sens plutôt qu'un autre. Et ça, je pense que ce sont des individus qui voient et qui font.

7.3. Le choix d'un modèle biologique

- Autour de la biologie, il y a de nombreuses disciplines, la santé bien sûr, où on se sert des connaissances pour agir par exemple contre des maladies. Celui qui travaille sur la patte arrière de la Drosophile, il « s'amuse », soi-disant, dans son laboratoire, mais certaines personnes défendent au contraire l'idée de choix prioritaires, la société impose des grands thèmes de recherche qui ont à voir avec la santé des gens, avec l'environnement, etc. Quel est ton point de vue ?

- Mon point de vue, c'est qu'on ne peut jamais dire à l'avance que la patte de la mouche ne va rien apporter. C'est ça le danger. Je me souviens de la grande époque où on pensait que la régulation du cycle cellulaire allait être comprise par les cancérologues, ils travaillaient sur les tumeurs qui proliféraient. C'était complétement idiot, une tumeur c'est très compliqué, ça évolue tout le temps. La vérité est venue de la levure, de l'œuf de grenouille et des œufs marins. Dans les années 1980, une période charnière où la biologie moléculaire fondatrice s'éloignait, à une réunion à l'EMBL en présence de grands chercheurs, s'était posée la question : quel va être le modèle pour étudier le développement ? Je ne pense pas qu'il y ait de publication de ce colloque, mais les échos ont été les suivants : la Drosophile a été un très grand modèle, mais clairement, elle ne nous dira rien sur les vertébrés, il faut abandonner ce modèle. C'est comme ça que la souris a été décidée comme modèle. Au moment où ont été découverts les gènes de segmentation, les gènes Hox, François Jacob ne s'attendait pas à ce que les gènes trouvés chez la Drosophile aient des équivalents chez les vertébrés. Il a pu écrire en substance, avec son sens aigu de la formule : « C'est quand même surprenant qu'un organisme qui est construit comme un camion et qu'un organisme conçu comme une maison utilisent les mêmes régulations ». Un organisme construit comme un camion, ce sont les insectes, avec les disques imaginaux, et un organisme construit comme une maison, ce sont les vertébrés, à partir d'un œuf, on construit un organisme de manière continue. Donc, on ne sait jamais à l'avance, les meilleurs spécialistes peuvent se tromper. Les pathologies du cerveau, comme la lisencéphalie, ces choses épouvantables, tout le réseau de gènes autour de la dynéine trouvés dans ces pathologies, avait été décrit chez un champignon, par Ron Morris, qui étudiait le mouvement des noyaux dans un mycélium[19]. Un sujet encore plus flagrant, qui est proche du sujet centrosome, ce sont les ciliopathies[20]. C'est venu de quoi ? D'une part, les médecins avaient comme patients des enfants qui avaient des maladies épouvantables, rares heureusement, des défauts de développement comme des hydrocéphalies, des microcéphalies, des polydactylies, des obésités du milieu du corps, toutes ces horreurs. Un enfant qui nait avec un seul œil, c'est une horreur, ou avec le palais complètement ouvert. Ils avaient déterminé des gènes de susceptibilité chez l'homme, ils avaient identifié ces gènes, mais on ne savait rien sur les mécanismes touchés. En parallèle, des chercheurs travaillaient sur Chlamydomonas, une algue unicellulaire biflagellée. Ils s'intéressaient au flagelle comme un modèle d'assemblage d'un organite. Ils ont fait énormément de biochimie, ils sont arrivés à voir le trafic intra-flagellaire, les complexes protéiques responsables de la croissance et de la décroissance du flagelle, et à identifier les gènes et les protéines. C'était dans les années 1990-2000. Puis les séquences génomiques sont arrivées ; et là, ô surprise, certains des gènes se trouvaient conservés au cours de l'Évolution, chez le ver nématode *C. elegans*, chez la Drosophile, chez l'homme[21]. Et plus que ça, certains de ces gènes avaient été identifiés comme des gènes de susceptibilité

---

[19] Osmani AH, Osmani SA, Morris NR. The molecular cloning and identification of a gene product specifically required for nuclear movement in Aspergillus nidulans. J. Cell Biol., 1990, Aug ;111(2) : 543-51.

[20] Bloodgood RA. From central to rudimentary to primary : the history of an underappeciated organelle whose time has come. The primary cilium. Methods Cell Biol. 2009; 94:3-52.

[21] Bornens, M. The central sensory organ and its disturbances. Med. Sci. (Paris). 2014 Nov;30(11):935-6.

pour des pathologies graves du développement chez l'enfant. Et c'est là que, tout d'un coup, grâce au travail réalisé depuis trente ans chez Chlamydomonas, on a compris que toutes ces pathologies étaient liées au cil primaire. À une époque, on parlait du cil primaire en disant : « Qu'est-ce que c'est que ce truc ? C'est un truc vestigial, sans intérêt ». Encore récemment, j'avais raconté tout ça à Jacques Prost, physicien à l'Institut Curie. Il avait fait un séminaire de physique devant des neurobiologistes, et il avait dit : « Il y a des neurones qui ont un cil ». Rire gras dans la salle. Comment une cellule aussi noble pourrait avoir un « poil » comme un vulgaire protozoaire ! Alors qu'on le sait maintenant, il y a des récepteurs très spécifiques sur le cil, qui est une sorte d'antenne sensorielle. Ainsi, un modèle aussi exotique qu'une algue unicellulaire très lointaine, dont nos ancêtres ont divergé il y a environ un milliard d'années, a apporté énormément pour la pathologie humaine et les ciliopathies.

- Il faut donc être ouvert sur les modèles et sur les questions. Mais on ne peut pas non plus « tout » financer ?

- C'est pour ça qu'il faut préserver la recherche fondamentale. Au CGM, il y avait beaucoup de gens qui travaillaient sur la Drosophile et sur la levure, et une jeune collègue, en stage au labo, que tu as bien connue, répétait : « Comment peut-on apporter quelque chose en santé humaine en travaillant sur la Drosophile ou la levure !? ». Pour elle, c'était hors de question. Or le vivant est une évolution permanente. On ne peut pas tout financer, je suis d'accord, mais en même temps, ce ne sont pas les mêmes chercheurs qui font les mêmes choses. On voit avec l'exemple précédent que le chercheur qui se passionne pour Chlamydomonas et les battements du flagelle, qui le regarde en détail, va apporter sans le savoir, et sans le vouloir forcément, énormément à la recherche en pathologie humaine. Et le jour où, avec le pathologiste, ils comprennent qu'ils travaillent sur la même chose, il peut se passer des choses entre eux, mais il ne faut pas le prédire à l'avance. Alors il faut financer les deux. C'est comme le train, il faut la locomotive et les wagons qui portent les charges. À l'EMBL, une chercheuse italienne a publié dans *Science* récemment, sur le trafic intra-flagellaire ; elle a montré de façon rigoureuse que sur les neuf doublets de microtubules, le doublet A servait au mouvement antérograde et le doublet B servait au mouvement rétrograde. On peut être sûr qu'il y a des pathologies associées à ça. Toute la génétique du cycle cellulaire est venue de la levure, et la biochimie du cycle des œufs de Xénope et d'animaux marins. On sait maintenant que les levures, qui sont des champignons, et l'homme sont plus proches qu'on ne croyait : les champignons sont plus proches des animaux (ce sont tous des opisthochontes) que des végétaux. Récemment, une publication de chez Keith Gull, grand spécialiste des trypanosomes, pose la question : « Que veut dire : conservé de la levure à l'homme ? », un slogan classique chez les généticiens de la levure. On décrit à l'heure actuelle six grands groupes dans l'Évolution des eucaryotes : certains poussent le corps cellulaire par le flagelle, les opisthochontes, d'autres le tirent. C'est parce qu'on est proche évolutivement des levures que les gènes du trafic membranaire ou du cycle cellulaire ont été retrouvés.

- Concernant les ciliopathies, cela a aussi permis aux médecins de se parler entre eux : les neurologues ne parlaient pas aux spécialistes du rein alors que les maladies avaient des points communs.

- Et le dialogue entre médecins et biologistes peut avoir des perspectives originales, au niveau du développement.

- Et pourtant, ces maladies génétiques, comment les soigne-t-on ? Est-ce que le fait d'identifier un gène ou une protéine apporte quelque chose ?

- C'est toute la signalisation cellulaire qui dépend du cil primaire. Plus on saura et plus on saura soigner ou moins mal on saura soigner. On va apprendre beaucoup sur le développement, sur les choses importantes, sur ce qui peut perturber. On va prévenir des pathologies à venir parce qu'on touchera à ce système-là. Plus on connait un système, et plus on a des chances de le contrôler. Même si on ne soigne pas, on peut identifier les mutations importantes.

7.4. Les liens entre recherche publique et recherche privée

- Quel type de liens entre recherche publique et recherche privée ? Comment ça fonctionne ?

- C'était certainement mieux lorsque les entreprises privées avaient un département recherche digne de ce nom. Ils avaient leurs objectifs appliqués, ils étaient en rapport avec de bons laboratoires publics, ils recrutaient des gens formés et compétents. Aujourd'hui, ce n'est plus qu'une logique financière, ils s'en remettent à des start-ups qui font la recherche pour eux. Ça change tout. À Rhône-Poulenc, avant Sanofi, il y avait une recherche sur les microtubules, sur les drogues des microtubules, avec des études sérieuses, représentant tout un secteur. Des jeunes chercheurs qui avaient fait une thèse se reconvertissaient là-bas. Nous avons eu des financements et nous faisions des travaux ensemble. Maintenant, ils bazardent tout, ils ont licencié énormément de chercheurs, ils ont vendu du matériel, ils sont dans une logique purement financière. Actuellement, la recherche privée des grosses entreprises consiste à faire sous-traiter par des boîtes. La recherche coûte cher et ne permet pas de recouvrer des bénéfices pour les actionnaires. Ils préfèrent une logique financière, des regroupements, où le PDG qui arrive touche un pactole et s'en fait promettre un autre quand il quittera l'entreprise, c'est exorbitant. Ça a changé rapidement. Il y a encore quinze ou vingt ans, des entreprises privées faisaient de la bonne recherche. Des chercheurs se recasaient dans la recherche privée, et ils gardaient des liens avec la recherche publique. Je ne connais plus la situation actuelle aux États-Unis, mais beaucoup plus d'échanges étaient possibles. Ils n'ont pas le double système de l'enseignement supérieur dont nous avons déjà parlé, tout le monde a été à l'université ensemble, sur les mêmes bancs, qu'on soit dans le public ou dans le privé, les gens se connaissent, ils échangent et ils discutent. En France aujourd'hui, et peut-être bien dans les autres pays, car les stratégies des boîtes se définissent à l'échelle planétaire, beaucoup de recherches sont sous-traitées à des petites entreprises, des CRO (*Contract Research Organization*, ou société de recherche contractuelle), qui font les tests pour les autres. Sanofi est un bel exemple, ils ont bazardé un secteur entier de la recherche, et je trouve ça très dommage. À une époque, on croyait beaucoup à ça, il y avait même des unités mixtes CNRS-entreprise privée. Je me souviens que Jean-Claude Sherman, qui venait de chez Jean-Pierre Henry, à l'IBPC, avait monté une entreprise qui était entre Rhône-Poulenc et le CNRS.

- Il y a peut-être l'équivalent au Génopole à Évry, par exemple ?

- Exact. Mais le circuit de financement est aussi totalement injuste. Pour prendre un exemple concernant le Taxol et les dérivés, drogues des microtubules utilisées en chimiothérapie (en France on utilise le Taxotère), la recherche s'est faite il y a plus de trente ans, dans les années 1980. Eh bien, Suzanne Horvitz, qui a isolé le Taxol, m'a dit à Heidelberg en 2016 : « Toute la recherche sur le Taxol a été payée par les contribuables américains, et tous les bénéfices, et ça représente des milliards de dollars, ont été empochés par Bristol-Myers & Squib ». Je me souviens aussi de François Jacob, qui avait habituellement un langage châtié. Quand il parlait de la grande pharma, il parlait des « gougnafiers de la grande pharma ». Avant, ils avaient au moins un secteur « recherche et développement », mais aujourd'hui de moins en moins. Il y a toute cette pépinière de petites entreprises qui se créent partout, certaines réussissent, des CRO en particulier, qui font du travail à façon.

- Les CRO ne travaillent que pour les grosses entreprises ?

- Pas seulement. Ils travaillent avec des contrats. Pour un laboratoire public, pour des analyses, ça peut être avec des boîtes, des contrats récurrents, tout ce qu'on veut. Certains s'en tirent bien économiquement. Ils ont quelques analyses sur lesquelles ils sont très compétents.

8. La diffusion des sciences

- Un autre sujet important concerne la diffusion des sciences. Il y a donc les laboratoires et les résultats de la recherche. Et puis cette expression que je n'aime pas ; on dit « science et société », comme si la science était à part. Ce pourrait être éventuellement la « science dans la société ». Est-ce qu'il faut diffuser cette science ? À quel rythme ? De quelle façon ? Quelles sont d'après toi les possibilités et quels sont les besoins dans ce domaine ?

- C'est une question très difficile. La vulgarisation, c'est très difficile à réussir, souvent ça plonge les gens dans l'idée qu'ils ne comprendront jamais rien, ça les bloque plutôt qu'autre chose. C'est très ambigu : la société attend beaucoup des sciences et, en même temps, elle en a très peur. C'est vrai pour le vivant, on attend énormément de choses, pour la santé publique, pour les maladies, mais en même temps, on a peur de transgressions nouvelles et inédites. Si on est dans l'aspect utilitaire, on ne s'en sort pas. Ce qui est embêtant, c'est de voir le divorce qui se crée entre la population et la science. On rencontre des gens qui ont parfois une méfiance des sciences très forte. Des gens disent que la science qu'ils ont apprise à l'école ne leur a jamais rien apporté. En même temps, la science avance et elle change la vie des gens tous les jours. Comment faire ? Il y a un texte superbe, qui est un peu ma ligne de conduite, écrit par Saint-John Perse, le poète, de son vrai nom Alexis Léger, quand il a reçu le prix Nobel en 1960 ; il a écrit une adresse d'environ quinze minutes, sur science et poésie. Qu'est-ce que c'est que la recherche poétique, la poïèse – la poésie, la création ? Il a une superbe définition du poète : « Poète est celui-là qui rompt pour nous l'accoutumance ». Et je pense qu'un grand chercheur, c'est quelqu'un qui rompt aussi l'accoutumance, qui a une autre façon de voir les choses. C'est flagrant pour Einstein. À ce niveau-là, je pense qu'il y a une grande vulgarisation à faire, mais ça, c'est pour les gens qui ont une certaine curiosité, une certaine ouverture. Saint-John Perse nous dit que la recherche poétique, ou la recherche artistique, et la recherche scientifique ont des buts communs. La seule différence, c'est que la recherche scientifique a des retombées pratiques, ce qui n'est pas le cas directement d'une autre quête. Mais sinon, les mêmes questions se posent : quand on met en cause les chercheurs en disant que ce sont des « branleurs », la même chose peut être adressée à des poètes, en disant : « À quoi ça sert ? ». S'il n'y avait pas les applications, ce serait exactement pareil avec la science. Il y a des applications, du coup ça change tout. Mais je pense que la quête est la même. Pour revenir à ta question, qu'est-ce que c'est d'être curieux en science, c'est la même chose, c'est la création. Essayer de voir le monde à sa façon, et de voir que c'est plus intéressant, plus original. Pourquoi les scientifiques sont si silencieux, ne s'impliquent pas plus dans la vie de la Cité ? Je me suis peut-être plus impliqué que d'autres certaines fois, et c'est vrai que ça prend du temps. Mais c'est très important. On pourrait dire que dans les débats de société qui viennent, les scientifiques ont leur mot à dire. Mais les scientifiques sont eux-mêmes capables d'être subvertis ou manipulés, par des lobbys, par des gens puissants, quand on voit par exemple toutes les opinions, les débats, les *a priori* et les points de vue sur le réchauffement climatique. J'ai été complètement choqué, dans les années 2010, quand le rapport de l'Académie des sciences française, contrôlé par Claude Allègre et ses épigones comme Vincent Courtillot, n'a pas été publié. Ils étaient à fond *contre* le réchauffement climatique d'origine humaine, prétendant que c'était dû à l'activité du soleil, quitte d'ailleurs à trafiquer des courbes de résultats expérimentaux. Toujours en 2015, un peu avant la COP21, le gouvernement a demandé à l'Académie des sciences de faire un rapport. Le rapport est resté secret, il n'a pas été diffusé ! C'est quand même insensé, on est dans ce climat de non divulgation des faits, qui est gravissime. Je pense que les chercheurs devraient être plus impliqués. Il y a de gros enjeux de société là-dessous, de très gros enjeux. C'est quand même inquiétant que les gens attendent en même temps beaucoup de la science et en aient très peur. La bombe atomique chez les physiciens, ça a été terrible. Il y a des physiciens qui ne s'en sont pas remis. Jérôme Ferrari a publié un livre, *Le Principe* sur l'histoire de Werner Heisenberg. Après la guerre, certains physiciens allemands ont été récupérés par les Russes, d'autres par les Américains, et un groupe de physiciens allemands, dont trois ou quatre prix Nobel, a été mis dans une ferme en Angleterre pendant six mois. Les murs étaient truffés de micros, et Heisenberg, un immense physicien mais assez arrogant, était convaincu que si eux n'étaient pas arrivés à fabriquer une bombe nucléaire, personne n'était capable de le faire. Et quand il y a eu la bombe d'Hiroshima, il n'y a même pas cru, pendant quinze jours. D'autres par contre ont été très marqués par la nouvelle : « Qu'est qu'on a fait !? Comment a-t-on pu fabriquer une arme pareille ? ». Einstein lui-même était ambigu. Il était pacifiste, mais il a dit à Roosevelt, avant la fin de la guerre, qu'il fallait faire quelque chose. Et donc, à quoi la biologie peut-elle conduire, on n'en sait rien. Il faut donner aux non-scientifiques les armes pour faire face à ça. Il faut donner des informations, mais surtout pas sur le mode : « Moi je sais, je vais vous dire ! ». Pour la vulgarisation, au contraire, dire où sont les enjeux, voilà où en sont les scientifiques, ils ne sont pas plus malins que d'autres, il faut que la société s'empare de cette recherche qui est faite en son nom.

- Sur un autre sujet, comme les OGM, l'Europe a adopté une position dure. Mais on sent que les intérêts économiques « poussent », et finalement, on aura peut-être des OGM partout !

- Je n'ai pas trop d'inquiétude sur le plan technique, encore que, des expériences en plein champ avec une technique dont on ne peut complètement prévoir la stabilité dans le temps, peuvent avoir des conséquences inattendues ; la nature a plus d'un tour dans son sac. Ce qui me choque profondément, c'est que ce soit les mêmes qui fabriquent le désherbant et les OGM pour protéger la plante de ce désherbant, dont ils enrobent les graines. Ces pratiques façonnent complétement les modes de culture dans le monde entier, et en plus ils sont très agressifs sur le plan commercial : ils interdisent de manière totalement abusive l'utilisation de semences autres que celles qu'ils vendent. Dans certains endroits des États-Unis, ça a sélectionné quand même des mauvaises herbes résistantes qui se développent beaucoup. Le fait que l'Europe, petit à petit, abdique, est dû à la puissance des lobbys. Là-dessus, les scientifiques n'ont rien de plus à proposer que les autres. La seule chose qu'ils peuvent proposer, c'est de faire connaître les enjeux de la science, et ne pas raconter de blagues. On raconte tellement d'histoires dans les journaux, on baratine tellement les populations, que la voix des scientifiques sérieux n'est plus entendue !

- Et le web ! De très loin devant les journaux et même la télévision.

- Là, ce n'est pas contrôlé, on dit et on écrit ce qu'on veut, il y a tout et n'importe quoi. Il faut que les scientifiques interviennent, c'est sûr. Je me souviens de cet article d'un Allemand qui disait justement : « Pourquoi les scientifiques n'interviennent pas plus fortement dans le débat public? ». C'est vrai. Il y a beaucoup de scientifiques qui s'interdisent de parler dans le débat public, ils n'ont jamais d'opinion, on ne sait pas pour qui ils votent, ils peuvent être très compétents dans leur domaine, mais ils sont un peu… neutres, sans avis sur la vie de la Cité. Ça, c'est gravissime. Quand la société donne à certains les moyens d'investiguer, d'éclairer un peu le labyrinthe, d'ouvrir le rideau, d'aller voir un peu plus loin, ils ont la responsabilité de revenir vers les gens qui les financent et de leur dire : « Voilà ce que je vois, comment je le comprends, là où ça peut aller ». C'est important. Mais ça prend du temps, de l'énergie, et on peut devenir un « spécialiste » de la contestation ! Et puis l'institution n'est pas très favorable à tout ça ; un chercheur qui se mouille, qui s'implique trop fort dans une direction devient suspect. Enfin, c'est quand même fou, pour revenir au réchauffement climatique, que l'Académie des sciences n'ait même pas osé publier son rapport. C'est quand même hallucinant, le poids des lobbys. Déjà l'Académie des sciences française n'avait plus de publication scientifique propre. La vulgarisation est un grand sujet, il y a des artistes aussi doués que des scientifiques pour le faire, s'ils sont en cheville avec un chercheur. Par exemple, un livre de Cédric Villani, une bande dessinée, parle d'une histoire de quatre personnages importants pendant la guerre[22]. Il fait passer beaucoup de choses comme ça, sur un mode BD, avec son dessinateur, ce n'est pas mal. Si les scientifiques s'associaient avec des artistes, des gens de théâtre, peut-être pourrait-on avancer. Il y a déjà eu des essais plus ou moins réussis.

- Et pour les jeunes, qui seraient moins bien informés ?

- Aller dans les écoles, c'est très important, ça pourrait faire partie du métier de chercheur, d'y consacrer deux journées par an, pas trop. En plus, c'est agréable d'avoir des questions fraîches. Mais tu parlais de pathologies par exemple : pendant longtemps, j'ai vu mon propre organisme comme tout le monde, avec ses pathologies possibles. Mais lorsqu'on avance dans la biologie et que l'on comprend qu'il est un système multicellulaire qui doit résoudre un nombre de problèmes considérable pour que ça fonctionne, pour que des dizaines de milliards de cellules auto-centrées fonctionnent ensemble

---

[22] Cédric Villani et Edmond Baudoin. Les rêveurs lunaires, quatre génies qui ont changé l'histoire (Gallimard/ Grasset), 2015.

harmonieusement, sans se quitter, sans faire une tumeur, on regarde les choses différemment. Par exemple, en 2016, pendant une soutenance d'HDR, l'impétrante nous disait que nous avons dans le cerveau des ventricules pleins de liquide céphalorachidien : le liquide arrive à un bout, il ressort par l'autre. Des cils battent en permanence, mais en fait, ce n'est pas tout le liquide, c'est seulement un film mince de liquide qui est influencé par les cils. Dans ta tête et dans la mienne, quand on respire, chaque fois que le cœur bat, le mouvement s'inverse, le liquide céphalorachidien sait que le cœur bat ! Tous ces problèmes logistiques qu'on apprend en essayant de comprendre les mécanismes cellulaires, font qu'on ne voit plus l'organisme de la même façon. Ce que je vois, c'est la fragilité du système, c'est extraordinaire ! Par exemple, le battement des cils est plus rapide qu'*in vivo* lorsqu'on ouvre le ventricule épendymaire. Le simple fait de couper le contact avec l'ensemble du tissu aboutit à ça. Lors d'une conférence grand public à l'Institut Curie, j'avais dit : « Le vrai scandale intellectuel, c'est que ça marche aussi bien, pendant si longtemps ! », provoquant des réactions vives du public. Évidemment, la pathologie c'est terrible quand ça vous tombe dessus. Mais le fait que ça fonctionne, c'est extraordinaire ! Comme je m'intéresse beaucoup à l'Évolution en ce moment, à la transition entre unicellulaires et multicellulaires, je vois les choses différemment. Quand je regarde quelqu'un dans le métro, je me dis, tout cela est parti d'une cellule avec tous les mouvements, la logistique, les flux de liquides, c'est hallucinant. Beaucoup de grands scientifiques ont fait l'erreur, souvent, de considérer qu'ils avaient clos leur discipline. L'exemple le plus fameux, c'est Lord Kelvin (W. Thomson) qui avait dit en 1885 : « Je plains nos successeurs physiciens, tout est connu, ils n'auront plus grand chose à découvrir ». C'est aussi vrai en biologie. J'avais été choqué, lorsque François Jacob avait dit lors de son jubilé : « Voici venu le temps du détail ! ». Je ne suis convaincu du contraire. Je ne suis pas le seul, j'ai vu que Paul Nurse avait écrit un texte sur ce thème, où il dit : « Si cela se trouve, on est comme les physiciens à la fin du 19e siècle, qui croyaient que tout était fait ! ». J'apprends plus en lisant les roboticiens qui font de la robotique « *curiosity driven* » où le corps du robot, en touchant un obstacle, le mémorise, ou bien mémorise le fait que l'obstacle répond au bruit qu'il fait. C'est ça qu'il faut comprendre en biologie. On apprend plus de ces gens-là. L'avenir de la biologie est riche. Mais c'est vrai qu'il y a un côté utilitaire et des applications qui peuvent être très dangereuses. C'est le mythe de la connaissance, les hommes savent cela depuis très longtemps, Adam et Eve, c'est ça, l'arbre de la connaissance. Et dans toutes les mythologies, il y a cela, connaître c'est dangereux. La fameuse phrase, « La Révolution n'a pas besoin de savants », lorsque Lavoisier a été jugé et guillotiné le même jour (il était pour la Révolution, mais il était surintendant, et il gagnait sa vie en collectant des taxes) est de la même veine. On l'avait utilisée avec Didier Job dans un article écrit pour *Le Monde*, au moment de SLR[23]. Mais on a appris ensuite que c'était une phrase apocryphe qui n'a jamais été dite. Elle a été écrite après coup pour discréditer la Révolution.

---

[23] Bornens, M. Job, D. Savoir et pouvoir. *Le Monde*. 15 janvier 2004.

9. Au cœur des questions biologiques

9.1. Vivant et non-vivant

- Est-ce qu'il existe une définition du vivant ?

- Cela me fait penser à la phrase de François Jacob dans *La logique du vivant* : « On n'interroge plus la vie aujourd'hui dans les laboratoires ». C'est sûr que le vitalisme est bien mort. Mais on sait encore distinguer un mort d'un être vivant. Beaucoup de biologistes ne se posent pas ces questions en effet. Il y a tellement de choses à découvrir, tellement de choses à comprendre, qu'on n'a pas besoin de savoir ce qui est vivant et ce qui n'est pas vivant. Aujourd'hui cependant, on a tellement de données qu'on peut se reposer des grandes questions. L'origine de la vie, je n'ai pas de lumière particulière, c'est un grand point d'interrogation. Il y a deux grandes écoles : ceux qui disent c'est un pur hasard, une chance pas calculable qui s'est produite, d'autres au contraire, comme Christian De Duve, qui disent que l'apparition du vivant est inscrite dans l'ordre des choses. Pour ce qui concerne les premières cellules, Franklin Harold a publié un livre, *In Search of Cell History*[24], que j'ai lu avec beaucoup d'intérêt. Il a écrit de très belles choses sur la morphogenèse cellulaire, et il a fait un inventaire assez complet des idées actuelles sur l'origine du vivant. C'est une énorme question. Mais on n'a pas de modèle solide.

- Mais avant cela, le minéral et le vivant. Ces notions ont-elles changé ? Comment définir un organisme vivant ?

- Est-ce que le monde physique est un monde vivant arrêté ? Est-ce que la règle, c'est le système vivant, et le non-vivant

[24] Franklin M. Harold. « In search of cell history ». The University of Chicago Press. 2014.

l'exception ? On pourrait retourner les choses, par souci du paradoxe. Le vivant, c'est quelque chose qui est individué, qui est en permanence en interaction avec son environnement, et qui a une unité d'organisation, qui est auto-centré. Le grand mystère, c'est comment on peut expliquer le vivant avec les catégories qui nous servent à expliquer le non-vivant. C'est la dynamique des molécules et l'interaction des molécules entre elles qui expliquent le vivant. Mais qu'est-ce qui fait le vivant par rapport au non-vivant, si ce sont les mêmes explications ? Cette question a été posée il y a longtemps par un Anglais, Karl Pearson, à la fin du 19e siècle, convaincu évidemment que le vivant sortait de la matière, mais disant comment faire pour décrire le vivant, si on utilise exactement les mêmes catégories, les mêmes principes que le non-vivant ? La grande question, c'est comment des molécules peuvent devenir symboliques, comme le code génétique, mémoriser des longues histoires sans être modifiées, sans échange d'énergie avec l'environnement ; c'est la grande question. Un autre auteur qui m'inspire beaucoup, c'est Howard Pattee, un physicien américain que j'avais découvert en lisant *Towards a Theoretical Biology*[25], les entretiens qu'avait organisés Conrad Waddington avec quelques brillants cerveaux, dans les années 1966-1967, dans un bel endroit en Italie, avec des personnes comme René Thom, Francis Crick, ou Howard Pattee justement. Et en tant que physicien, il s'est toujours intéressé à ce qui distingue le vivant du non-vivant. Ce n'est pas du tout trivial. En plus, les catégories qu'on utilise pour définir les choses viennent du vivant, que nous sommes. Nous sommes renvoyés à nous-mêmes. La question qu'on peut poser, c'est comment un organisme vivant fait du sens, comment une cellule fait du sens, en tout cas pour nous, tel qu'on arrive à l'analyser ? Un système vivant, pour moi, est un système qui fait du sens par rapport à son environnement, par rapport au

[25] Howard Pattee. Towards atheoritical biology. Prolegomena. An IUBS Symposium edited by C.H. Waddington. 1968.

temps et à l'espace, par rapport à un système non-vivant. Et puis c'est un système qui est capable d'associer ensemble des échelles de temps, des échelles d'énergie complétement déconnectées normalement. C'est le miracle permanent d'associer des éléments microscopiques, à l'échelle de la physique, avec des échelles de temps considérables, et d'arriver à associer tout cela. C'est la grande question : comment le vivant fait du sens pour nous ? C'est ça qui distingue le vivant du non-vivant : une montagne, des rochers ne font pas du sens. La montagne a une histoire, évidemment, mais elle est prédictible. Si on sait à peu près les lois, on peut prédire le comportement d'un objet non-vivant assez précisément. On ne peut pas le faire de la même façon avec le vivant. Il y a deux aspects : l'interaction permanente avec l'environnement, et la reproduction. Le vivant se comporte « comme s'il désirait durer », nous dit Charles Sherrington[26]. « Et pourtant, on ne dit pas d'une toupie qui résiste aux perturbations qu'elle désire continuer à tourner », ajoutait-il. Le vivant, c'est donc ce qui fait du sens, et comment on fait du sens par rapport aux lois de la physique et de la chimie, c'est ça la grande question. Comment des molécules peuvent devenir des symboles ? Pourquoi des notions comme « code » fonctionnent dans le vivant ? Des notions qui, à notre échelle, ont du sens dans le monde qu'on connaît, qu'on a créé. Le problème, c'est que ça nous renvoie aux catégories qu'on plaque sur le vivant. Encore une fois, François Jacob a eu cette belle phrase : « Nous vivons dans un monde créé par notre cerveau. » Nous sommes toujours en train de plaquer sur les objets des catégories qui viennent d'un objet vivant, qui fait du sens.

- Qui viennent de nos observations, de nos propres perceptions ?

---

[26] Sir Charles Sherrington. Man on his nature, Cambridge University Press, 1963.

- Bien sûr. À la fin de son petit livre *Mind and Matter*[27], Erwin Schrödinger, abordant la question des qualités sensibles, dit son étonnement, et nous le fait partager, d'avoir appris que Démocrite, il y a vingt-cinq siècles, avait tout compris du rôle premier de la perception. Démocrite met en scène une discussion sur « le réel » entre deux personnages, « l'intellect » et « les sens ». Le premier dit : « Ostensiblement, il y a de la couleur, de la suavité, de l'amertume, en fait il n'y a que des atomes et du vide ». À quoi « les sens » rétorquent : « Pauvre intellect, tu espères nous dominer alors que c'est de nous que tu tiens tes évidences. Ta victoire est ta défaite ». Dans nos perceptions, il faut inclure notre façon de nous insérer dans le temps, dans l'histoire, de penser qu'il y a un passé, un présent, un futur, et que ce qui fait sens, c'est de durer. Je suis assez d'accord avec la définition de Charles Sherrington. Comment le vivant fait-il pour « désirer » durer ? Pour continuer à interagir avec l'environnement, pour continuer à être « curieux » de cet environnement ? Nous avons encore un monde immense à découvrir en biologie, après la biologie moléculaire, toutes les interactions avec l'environnement, et comment ces interactions, à tout instant, se répercutent sur le fonctionnement du vivant, et en particulier sur son histoire. Nous sommes tous d'accord sur les grands principes de Charles Darwin, mais nous sommes loin de comprendre comment la sélection naturelle marche, comment les mécanismes sont si efficaces.

- Puisque ce qui détermine la vie est notamment la reproduction, quel est le statut des virus ? Un virus est-il vivant ?

[27] Erwin Schrödinger. Mind and Matter. Cambridge University Press, 1958.

- Quand on posait la question à André Lwoff, qui était un virologiste averti, il disait : « Un virus est un virus ». Pour lui, les virus ne sont pas vivants. C'est une espèce d'exfoliation, de production permanente du vivant, comme les exosomes excrétés par la cellule, qui a une sorte de sphère d'influence, qui « crache » des tas de choses, en particulier des acides nucléiques, ARN et ADN, et aussi des protéines. Ces molécules ont besoin d'aller dans d'autres cellules pour se développer. Et c'est important pour l'Évolution. Il n'y a aucun doute sur le fait que les virus sont critiques pour l'Évolution des cellules procaryotes et eucaryotes. C'est une masse énorme de molécules qui circulent, enveloppées. Les virus ne sont pas vivants, mais ils sont fondamentaux pour l'Évolution du vivant.

- Jusqu'à retrouver dans nos génomes des séquences virales ?

- Toute l'évolution des génomes passe probablement par les virus. Énormément de coupures, de transposons… Ce n'était même pas connu dans les années 1970, la plasticité du génome, c'est quelque chose qu'on a découvert assez récemment. J'avais participé à une journée organisée par Patrick Forterre, qui a tout un modèle de la *virocell*[28]. Il pense que la cellule a d'abord été un « sac de virus », il a une position très originale, il fait partie de l'École qui met les virus très hauts dans l'Évolution du vivant. Luis Villareal, que j'ai connu aux Treilles[29], est un spécialiste du sujet et il a écrit un livre là-dessus. Les virus, c'est absolument considérable, mais ce sont des complexes moléculaires organisés, produits par les cellules. Comment est-ce que ça a commencé ? Est-ce que c'était produit au départ ? Sur l'évolution des cellules, il y a

---

[28] Patrick Forterre. The virocell concept and environmental microbiology, 2013. *The ISME Journal* volume 7, pages 233–236.

[29] Voir : https://www.les-treilles.com/

beaucoup de choses, depuis Carl Woese qui a démontré l'existence de trois grandes branches évolutives[30], les eubactéries, les archaebactéries et les eucaryotes, cela a beaucoup évolué. On baigne dans les virus comme on baigne dans les rayons cosmiques. C'est quelque chose d'important pour transférer énormément d'information.

- Tu parles de rencontres, de mises en commun, dans des disciplines différentes ?

- Je me souviens de l'époque où je me suis intéressé au centrosome, qui était pour moi un peu un choc, parce que tout à coup, j'ai réalisé qu'il y avait plus que la biochimie, qu'il y avait peut-être une physique de la cellule à comprendre. Des personnes comme René Thom, un topologiste qui a beaucoup écrit sur le vivant, ont eu des problèmes de communication avec les biologistes. On n'avait pas du tout les mêmes objectifs. Il ne cherchait pas à être efficace, il cherchait à comprendre, au sens plein du terme. Dans les années 1970, il disait : « On me dit que l'ADN ne change jamais, je n'en crois pas un mot, je suis convaincu qu'il 'bouge' tout le temps ». Comme topologiste, il n'imaginait pas qu'une morphologie, qu'une structure qui a tant d'importance ne soit pas dynamique. Elle ne peut pas exercer sa fonction sans une dynamique permanente. Alors qu'à l'époque, la majorité des biologistes moléculaires étaient convaincus que l'ADN était « inscrit dans la pierre». C'était avant les transposons. Deux ou trois ans après, les transposons ont été découverts : l'ADN pouvait s'exciser, des portions entières pouvaient être exportées, une dynamique nouvelle était découverte. Je sais qu'on trouve aujourd'hui des très gros virus, qui ont la taille

[30] Woese CR, Fox GE. Phylogenetic structure of the prokaryotic domain : the primary kingdoms. Proc. Natl. Acad. Sci. 1977, Nov.74(11) :5088-90.

d'un procaryote ou plus que ça. À l'Institut Pasteur, un chercheur russe travaillant avec Patrick Forterre en a trouvé beaucoup. À l'opposé de l'idée simple que la cellule a fait des virus qui s'échangent, il pense que les virus sont « au départ ». Qui a tort ? Qui a raison ?

- Comment a évolué la classification du vivant et peut-on s'attendre encore à des surprises ?

- Ça a beaucoup évolué sur la double filiation procaryotes / eucaryotes. Avant, il y avait les procaryotes et les eucaryotes. Depuis, on ne peut plus les classer uniquement sur le critère proposé par Edouard Chatton à l'époque, « avec » ou « sans » noyau. Aujourd'hui, on sait assez clairement que les eucaryotes viennent des archébactéries, qui ensuite ont réalisé une symbiose avec des eubactéries pour donner les mitochondries et les chloroplastes, les publications sont fréquentes sur le sujet. La symbiose avec des eubactéries, qui a donné les mitochondries, a apporté l'énergie pour faire des grandes cellules. Mais le schéma de base existait peut-être déjà chez les archébactéries. Une fameuse archébactérie, trouvée dans la mer du Nord, à 3 ou 4 000 mètres de profondeur, a été dénommée Lokiarchaeon[31] parce que c'est un endroit où le mythe du château de Loki, toute une histoire brumeuse du nord, était décrit. En faisant de la métagénomique, on a trouvé cette nouvelle espèce d'archébactérie qui semble avoir de l'actine, de la tubuline, le système ubiquitine, des éléments typiquement eucaryotes. Des personnes comme Eugène Koonin, un bio-informaticien, le patron du NIH en bioinformatique, très intrépide intellectuellement, propose que le schéma d'organisation des eucaryotes existait « en

[31] Voir : https://www.pourlascience.fr/sd/evolution/lokiarchaeon-un-chainon-manquant-entre-archees-et-eucaryotes-9347.php

miniature » dans les archébactéries, que la fusion avec les eubactéries a permis aux cellules de grossir, mais que le schéma d'organisation était préexistant. Comment les archébactéries et les eubactéries sont sorties « de rien », je n'en ai aucune idée.

- L'Évolution n'est pas seulement une complexité progressive, ça peut être aussi une régression ?

- Comme les levures, unicellulaires, qui sont en fait issues de champignons multicellulaires. Quand on dit : « De la levure à l'homme », on ne dit pas grand-chose ! On reste chez les Opisthochontes, un des six grands groupes. C'est un des grands mystères de l'Évolution. André Lwoff le savait dès les années 1940. Il a écrit que contrairement à l'idée générale qu'on va du simple au complexe, on peut très bien aller du complexe au simple, en particulier chez les parasites. Ils simplifient leur organisation parce qu'ils sont parasites justement. Les microsporidies par exemple, qu'on prenait pour les premiers eucaryotes, en raison de leur très faible taille, sont des champignons. Ce qui reste vraiment magique pour moi, c'est que la complexité a l'air d'être là dès le début. Quand on regarde les premiers eucaryotes, c'est déjà des systèmes archi-complexes. C'est ça qui est étonnant : la complexité est là très tôt. Darwin ne parlait que des choses visibles à l'œil nu. En deçà du visible, il y a énormément de vie qui n'était pas visible. On a l'impression que pour être vivant, il faut déjà être complexe. C'est pour cela que je crois plus aux virus comme une manifestation d'activité des cellules plutôt que l'inverse.

- Avant d'être des cellules complexes, il y a d'abord des molécules ?

- Je ne sais pas ce que disent les astrophysiciens. Il y a le concept des multiverses, cette idée que l'univers se reproduit à l'infini. Des choses qui nous paraissent improbables sont à la fois improbables et ne peuvent que s'être passées. Il y a aussi la vieille idée d'une panspermie cosmique avec des structures déjà organisées venant d'ailleurs. Ce qui repousse le problème plus loin. Mais ce n'est pas exclu. Je suis frappé par le fait que la complexité est là dès le début. J'avais fait une série de conférences à la Cité des Sciences, et j'ai eu comme question : « Dans tout ce que vous avez dit, ce qui m'étonne le plus, c'est que vous nous expliquez que nos ancêtres unicellulaires sont aussi compliqués que nous ». C'est tout à fait ça. Une cellule, c'est déjà un monde extraordinaire, et dès qu'on a la cellule, on a « tout ».

- Oui, mais il faut y arriver à cette première cellule !

- En effet ! C'est la grande question !

9.2. Classer le monde vivant

- Si tu devais aujourd'hui proposer un schéma ?

- Mon schéma actuel vient de la littérature, avec les archébactéries qui fusionnent avec les eubactéries pour faire une cellule eucaryote. On sait reconnaître les molécules informationnelles et les molécules métaboliques. Certains ont prétendu qu'il y avait une troisième cellule dans la fusion, j'ai l'impression qu'on en a de moins en moins besoin. Quand on regarde les bactéries « de très haut », on s'aperçoit que le schéma d'organisation est très proche de celui des unicellulaires eucaryotes : il y a des flagelles, beaucoup plus petits, puisqu'un flagelle bactérien fait 16 nanomètres, c'est-à-dire moins que le diamètre d'un microtubule. Un flagelle eucaryote, c'est neuf doublets de microtubules, ce n'est pas le même mécanisme, les eubactéries et les archées, c'est une rotation très rapide, mais les « moteurs » sont totalement différents, capables d'inverser leur rotation. Et c'est comme ça qu'une bactérie toute petite est chimiotactique, tous les flagelles forment une tresse qui la fait avancer, et si elle inverse la rotation des flagelles, ça s'ébouriffe, et elle repart dans une autre direction. En jouant sur la fréquence des inversions, parce que le système de chimio-réception est couplé aux « moteurs », elle arrive à remonter un gradient[32]. Les archées, beaucoup plus grosses, font cela différemment. Le déplacement, l'adhésion, beaucoup de choses font penser aux eucaryotes. Même le système de reproduction, le système d'association du chromosome, le couplage avec le mouvement flagellaire, tout cela fait penser à ce qui se passe chez les eucaryotes. Sauf que c'est à des échelles assez différentes. Comme s'il y avait un cahier des charges : pour vivre, pour survivre, il faut un certain nombre de conditions, remplies dans les deux cas mais différemment. C'est fascinant, parce qu'il y a beaucoup de choses communes. Le mouvement des bactéries, c'est hallucinant ; il y a des archébactéries qui se déplacent à une vitesse folle. D'autres, les mycoplasmes par exemple, adhèrent, ils n'ont pas de flagelles, ils sont comme les cellules adhérentes. Leur système d'adhésion, qui se réplique apparemment de manière conservative, a l'air d'organiser tout le reste. Ça fait très fort penser à des systèmes eucaryotes. Chez les ancêtres eucaryotes, la plupart étaient flagellés, mais certains ne l'étaient pas, certains migraient. L'association des deux systèmes de polymères a peut-être été inventée par les choanoflagellés qui ont donné les éponges, et ensuite les animaux. C'est par conséquent assez fascinant de voir que, vu « de haut », c'est assez identique, mais que vu « de près », tout est différent. On pense à la fameuse phrase de Pline le Jeune, mise en exergue par EB Wilson à son fameux ouvrage *The Cell in Development and Heredity*, dont la première édition

---

[32] D. Bray. Cell movements : from molecules to motility, 2nd edition. Boca Raton, FL : CRC Press, 2001.

remonte à 1896[33] : « La nature n'est nulle part plus que dans le moins » (« *Natura nusquam magis est tota quam in minimis* »).

- Quelle différence entre une bactérie et une archébactérie ?

- Elles ont été découvertes par Carl Woese en séquençant un ARN ribosomique : il était clair qu'on n'avait pas pu évoluer de l'un à l'autre par simple mutation et beaucoup de temps ; il était évident qu'elles étaient différentes (*NDLR* : elles ont des caractéristiques plus proches des eucaryotes que des bactéries, comme des introns, les enzymes de réplication de l'ADN, etc.). Dans un film du CNRS sur la cellule[34], Kai Simons dit : « Une cellule, c'est comme une ville, il y a la gare, il y a les transports… » ; dans le même film, Pierre Gönczy ajoute, avec son bel accent suisse, un élément important : « C'est comme JFK, c'est le bordel, et ça marche ». Plus tard, on m'avait posé la question : « Est-ce que cette image vous paraît intelligente ? »[35]. J'ai répondu que oui. Il y a des similitudes évidentes entre des villes. Quand on se promène en Europe dans n'importe quelle ville inconnue, on sait que l'on va trouver quelque part le centre administratif, la poste, la gare, entre lesquels se déplacent les habitants de manière apparemment incohérente. Il y a quelques années, un biophysicien japonais en séjour sabbatique à Curie travaillait de manière très originale sur les mécanismes de centration du centrosome dans les œufs marins, juste après la fécondation. Il venait parfois discuter avec moi. En partant, il m'avait offert un livre d'un urbaniste et architecte japonais qui l'inspirait

---

[33] Edmont B. Wilson. The cell in developement and heredity, NY, Macmillan Compagny, 1896.

[34] V. Kleiner, http://www.cnrs.fr/cnrs-images/belin/cellule.html

[35] Voir : Effervesciences, « Cellules et prolifération cellulaire » (2008) https://www.dailymotion.com/video/x6zb32

beaucoup, m'avait-il dit, Yoshinobu Ashihara. Le titre *L'Ordre caché* (*The Hidden Order*) exprimait cette même idée. On a l'impression que là encore, il y a un cahier des charges qui fait qu'une ville ne peut vivre, ne peut fonctionner que si elle remplit un certain nombre de conditions. Si on garde cette comparaison, je dirais que les eucaryotes sont des villes de sociétés très évoluées, alors que les procaryotes seraient plutôt des villages, mais avec les mêmes besoins. Les villes et les villages sont aussi des produits de l'Évolution, des produits de l'activité humaine. Les eucaryotes et les procaryotes ont des types d'organisations très homologues et très différents. Pourquoi les unicellulaires eucaryotes sont déjà très complexes ? Probablement parce qu'ils viennent eux-mêmes de systèmes complexes. Les bactéries, c'est déjà très compliqué. *Caulobacter crescentus* (Lucy Shapiro), est une bactérie qui a un pied, elle se divise asymétriquement, elle duplique son chromosome, la partie avec le pied va immédiatement recommencer la duplication de son chromosome, la partie apicale qui se détache a fait pousser un flagelle, elle va nager pendant quinze minutes, aller explorer l'espace, puis elle évacue son flagelle, fait un pied, et commence la duplication de son chromosome. À chaque division, il y a un écart de quinze minutes dans les conditions standard. Il y a un décalage complet dans l'espace et dans le temps. C'est une excellente stratégie pour durer : à chaque division, un choix s'installe, la cellule peut soit faire souche là où elle était, soit faire souche ailleurs, où elle pourra trouver des conditions meilleures. Le grand inspirateur de Darwin et de Wallace a été Malthus, un prêtre anglican qui avait écrit un livre sur la croissance démographique. Il était très inquiet que les besoins en nourriture augmentaient de façon exponentielle, avec le développement des espèces, alors que la nourriture ne pouvait augmenter que linéairement. Au début de la révolution industrielle, la population humaine vivait, dans sa majorité, dans une misère noire en Angleterre. La nourriture augmentait de façon lente, et il disait : « Si on n'a pas des mesures prudentielles, on va à la catastrophe ! ». Il n'était pas favorable au soutien des classes pauvres : ou bien elles arrivent à faire vivre leur descendance, ou bien elles disparaissent, mais il ne faut surtout pas les aider. Et c'est cette dimension de population qui a inspiré Darwin comme Wallace : tous les deux avaient lu le même livre, tous les deux étaient partis en voyage, et tous les deux avaient eu le même choc. Ce n'est pas au niveau de l'individu qu'il faut regarder, mais au niveau de la population. Comme les animaux ne sont pas capables de prévoir des mesures prudentielles, c'est une sélection « après coup ». Je reviens à *Caulobacter* : quand je vois cette bactérie qui, à chaque division, est capable d'instaurer deux stratégies de survie, on peut se demander si le vivant n'a pas existé dès le départ grâce à des mesures prudentielles. Le vivant n'aurait pu durer que parce que ces mesures auraient été sélectionnées. C'est une question importante, on raisonne souvent de façon simple ou simpliste. Il faut peut-être renverser les choses et dire que le vivant n'existe que parce qu'il est constitutivement capable d'anticiper. Comment le vivant a créé le temps, le passé et le futur, n'est pas encore compris à mon avis.

- C'est vrai à partir du moment où il y a eu un substrat. Dans la « soupe primaire », c'était plus aléatoire. Sur un substrat, un support physique, comme le fond de la mer, s'il est viable, ou un autre organisme, d'autres stratégies sont inventées ?

- Oui, tout a dû être essayé dans le vivant. L'autre résultat extraordinaire, c'est cette intrication des espèces, la dépendance les unes des autres, c'est une autre dimension que je connais moins, mais qui est évidente, et très menacée aujourd'hui par l'activité humaine. Je suis très frappé par l'impression qu'il y a un schéma d'organisation de base. Quand on passe d'une hutte à un gratte-ciel, ça n'a rien à voir, mais ça partage des propriétés communes. Le physicien japonais, qui est venu six mois à l'Institut Curie, était très inspiré par cet architecte japonais. Pourquoi une ville constituée de tant d'individus apparemment autonomes dans leur décision d'aller et venir fonctionne-t-elle ? Quand on regarde « de haut », ça grouille comme une fourmilière, une population en train de circuler dans une ville, on se dit personne ne sait où il va. *A fortiori*, l'impression est saisissante quand c'est filmé et visionné en accéléré ! Pourtant, chacun a un but. Le but peut être simplement de se balader et de faire du shopping au hasard. C'était l'ordre sous le désordre, comme dans le livre de Yoshinobu Ashihara. Si on veut approfondir ces questions, je pense à des personnes comme Franklin Harold et son livre sur l'origine des cellules[36], ou Dennis Bray, qui pose aussi ces questions dans son livre *Wetware*[37]. Pour certains enseignants américains que je connais, ce livre est à la base de leur enseignement. C'est une réflexion approfondie sur le fonctionnement cellulaire. L'exergue est une phrase de Barbara McClintock, quand elle a reçu le prix Nobel en 1984 pour avoir, la première, identifié les transposons chez le maïs : « *A goal for the future would be to determine the extend of knowledge the cell has on itself and how it utilizes this knowledge in a 'thoughfull' manner when challenge* »[38]. Dennis Bray voulait donner comme titre à son livre *Cell consciousness*, mais les éditeurs ont refusé. Au début du livre, il relate cette expérience qui date de plus d'un siècle, où un *Stentor* (un gros cilié en forme d'entonnoir avec une grande « bouche » qui crée un vortex avec ses cils pour attirer des bactéries) est fixé à un support. On lui donne de la limaille de

[36] Franklin M. Harold, voir note précédente.

[37] Dennis Bray. Wetware: A Computer in Every Living Cell, Yell University Press, 2009.

[38] « Un but pour le futur serait de déterminer dans quelle mesure la cellule se connaît elle-même et comment elle utilise cette connaissance de manière 'intelligente' lorsqu'elle est soumise à un défi ».

fer, le Stentor l'avale comme des bactéries, et la recrache. On recommence et le Stentor se plie en deux pour ne plus recevoir cette nourriture fallacieuse. Une troisième fois, et le stentor se détache, nage et se pose ailleurs. Le vivant, c'est ça : un système capable de vivre avec son environnement et de s'y adapter, tout en le modifiant. L'adaptation *a posteriori* à la Darwin, la survie des plus aptes, est une dimension réelle, mais il faut comprendre comment à tout instant le vivant réagit à son environnement. Il y a encore beaucoup de choses à comprendre. Il faudra aussi comprendre comment les contraintes physiques, qui s'exercent à toutes les échelles, et qui n'ont pas changé depuis les origines, sont assimilées durant l'évolution biologique. Dans son livre *Mind and Matter*[39], issu de conférences tenues en 1956, Erwin Schrödinger se demande si on doit encore s'attendre à une évolution physique de l'homme « qui serait graduellement fixée dans les caractères héréditaires, dans ce que les biologistes appellent le génotype ».

- Au cours de l'Évolution, il y a aussi une étape importante qui est la transition entre l'uni- et le pluricellulaire. Que sait-on de cela aujourd'hui ?

- On sait beaucoup de choses et en même temps, on n'a rien de sûr. On sait par exemple qu'il y a eu une vingtaine d'essais de multi-cellularisation. Une vingtaine d'exemples dans des groupes différents où on passe par une phase plurinucléée. Mais cela n'a réussi réellement que dans quelques cas, dont les plantes, les champignons et les animaux. La première question, c'est pourquoi diable fallait-il devenir plus gros, alors que les unicellulaires étaient très bien adaptés à leur environnement ? Certains vivent encore ! Une théorie propose qu'il fallait grossir pour ne pas être avalé. Ça paraît drôle mais, en réalité, des amibes sont capables d'avaler des petits animaux. Et les

---

[39] Voir note précédente.

choanoflagellés forment des colonies dès qu'on les met en présence d'amibes prédatrices[40]. L'autre modèle s'appelle la contrainte flagellaire : la plupart du temps, la cellule en division ne bouge pas, comme chez Chlamydomonas, où la cellule excise ses flagelles, se pose, et se divise. Parce que la base flagellaire sert à la fois à faire un flagelle et à organiser le fuseau mitotique et la division cellulaire. Ceux qui se divisent et qui ne bougent pas sont emportés par ceux qui ne se divisent pas mais qui bougent. Une colonie peut se mouvoir tout en grossissant. Ce sont les deux modèles actuels, avec une préférence pour le deuxième modèle qui a l'avantage de s'appuyer sur des mécanismes cellulaires connus. Comment cela s'est fait ? C'est un gros mystère, j'ai des idées sur le sujet, mais ce ne sont que des idées. D'abord, on parle des trois grands organismes multicellulaires. Mais si on les regarde de près, on voit qu'ils n'ont rien à voir entre eux. Sauf qu'il y a beaucoup de cellules dans tous les cas. Les plantes ont bifurqué beaucoup plus tôt, à partir de cellules comme Chlamydomonas, qui tirent leur corps en nageant. Alors que les cellules qui ont donné les animaux et les champignons poussent leur corps. Dans les deux cas, le mouvement est produit par des flagelles en tout point semblables. C'est une grande bifurcation évolutive où la physique aura certainement son mot à dire, car la dynamique des populations de « nageurs » ou de « pousseurs » est très différente. Les plantes ont abandonné tout ce qui concerne la locomotion, flagelles ou moteurs moléculaires comme les dynéines. Elles ont gardé les microtubules qui donnent leurs formes aux cellules, elles ont beaucoup de mouvements intra-cellulaires qui dépendent de microfilaments d'actine, mais il n'y a plus de locomotion. Et les divisions se font très différemment : avec des fuseaux, mais

[40] Alegado RA et al. Bacterial sulfonolipid triggers multicellular developement in the closest living relatives of animals. Elife. 2012. Oct 15 ; 1:e00013. doi: 10.7554/eLife.00013.

sans centrosomes aux pôles, et la division elle-même part du milieu de la cellule, avec la mise en place d'un phragmoplaste, la future cloison entre deux cellules, qui reste percée de trous, les plamodesmes. Les tissus végétaux sont des symplasmes, ils n'ont qu'une seule membrane plasmique. C'est important pour la diffusion des ARN, de la sève, des virus, des molécules en général. Les passages sont très contrôlés d'une cellule à l'autre, mais c'est la même membrane. Ce ne sont pas des divisions complètes avec des cellules qui restent ensemble comme chez les animaux. L'autre grande branche, les opisthocontes (qui ont le flagelle-*conte* derrière-*opistho*), ont donné les champignons et les animaux, et le groupe frère unicellulaire, dont on vient probablement, les choanoflagellés, des petits unicellulaires qui ont eu beaucoup de succès, car ils ont probablement trouvé la bonne martingale pour associer les deux systèmes actine et tubuline. Les choanoflagellés ont un flagelle et une corolle faite de filopodes d'actine. Ils se postent souvent à plusieurs et attirent les bactéries par le mouvement des flagelles, les accrochant par les filopodes. Si on regarde un choanoflagellé, on a l'impression de voir une cellule épithéliale ciliée. Les choanoflagellés ont donné les animaux, très différents des champignons, qui sont des mycéliums. Les champignons et les animaux ont inventé un centrosome, mais les champignons ont fait quelque chose de simple, le *spindle pole body* (SPB). Ils sont capables de faire des unicellulaires comme des levures, mais souvent ils forment des mycéliums, des hyphes. Là aussi, il y a des connexions entre les cellules, des gros trous, il y a même des champignons chez lesquels les noyaux peuvent migrer d'une cellule à l'autre. Et les noyaux ont tous un SPB associé, ils ont le « système dynéine », etc. Ron Morris avait travaillé sur le champignon *Aspergillus nidulans*. Il cherchait des mutants de division, et il avait trouvé des mutants de transport des noyaux. C'est comme ça qu'il a décrit toute la chaîne dépendante de la dynéine, retrouvée dans des maladies comme la lysencéphalie (voir plus haut). C'est la même voie moléculaire qui déplace les noyaux chez *Aspergillus* et qui le fait dans les neurones des animaux. Les champignons sont plus proches évolutivement des animaux que des plantes. Ils fabriquent de la chitine, et pas de la cellulose comme les plantes. Une mesure de la complexité d'un organisme est le nombre de cellules différenciées différentes. Il y en a une quarantaine chez les plantes et seulement quelques-unes chez les champignons. Les animaux sont évidemment très différents les uns des autres, avec près de quatre cents types cellulaires différents chez l'homme. Là, les cellules font une division complète, et restent ensemble. Un centrosome et un cil primaire ont été inventés chez les métazoaires supérieurs. Il y aurait eu plusieurs essais pour passer de l'uni- au pluricellulaire : certains auraient marché, d'autres non, mais ces tentatives sont indépendantes. Chez les métazoaires, il y a une grande diversité, des vers de terre aux antilopes. Ce sont tous des animaux, mais ils ont des vies et des existences différentes ! Il y a deux grandes branches chez les animaux, les protostomiens et les deutérostomiens, un seul ou deux orifices, pour le tractus intestinal. Chez les protostomiens à nouveau, deux branches, les lopho-trochozoaires et les ecdysozoaires. Beaucoup de choses sont différentes : chez les protostomiens, on peut couper l'animal et il peut régénérer une grande partie, et plus on va vers les deutérostomiens, et plus l'animal est fibré et organisé. J'ai posé la question à un évolutionniste : « Est-ce qu'on a une idée, une explication ou même une hypothèse pour comprendre le fait que chez les protostomiens, il y a 1 million 400 000 espèces et seulement 56 000 espèces chez les deutéro-stomiens ? ». Il m'a répondu qu'il y réfléchirait. J'attends toujours. Un autre m'a dit qu'il ne fallait pas poser ce genre de question. Un dernier évolutionniste d'origine anglaise considérait que c'était une bonne question. Chez les métazoaires, il y a eu une immense évolution. Passer d'uni- à pluricellulaire est un changement immense : il y a une logistique, tous les flux, les échanges entre cellules, c'est quand même extraordinaire. Un nouvel organisme doit être adapté, pour qu'il survive lui-même. Un organisme unicellulaire a son cycle végétatif, un pluricellulaire va devoir devenir petit à petit un objet sélectionnable. Comment maintient-on des capacités de sélection, d'héritabilité de ce qui est acquis ? L'individualité génétique n'a pas été donnée dès le départ. De nombreux animaux dits inférieurs sont capables de se reproduire sexuellement, mais aussi par d'autres stratégies, il faut aller assez « haut » dans l'Évolution pour ne plus dépendre que de la sexualité pour se reproduire. C'est peut-être ça qui explique la différence très importante du nombre d'espèces. Plus on est spécialisé, moins il est possible d'inventer du nouveau en quelque sorte. Il faudrait revenir en arrière très loin pour repartir sur d'autres bases. C'est un grand sujet de débat chez les évolutionnistes. Alors que Darwin à la fin de sa vie n'avait pas d'idées très claires là-dessus, c'est Auguste Weismann qui a proposé une solution : le fait de mettre de côté très tôt dans un multicellulaire les cellules qui vont donner la lignée germinale sauvait Darwin d'une vision attribuée de manière infamante à Lamarck, celle de l'hérédité des caractères acquis. Comment cela s'est fait ? C'est un mystère. Un livre superbe, publié en 1987 par Léo Buss, professeur à Yale, traite de l'Évolution de l'identité, au sens génétique du terme[41]. La théorie de Weismann telle qu'on l'utilise dans la théorie synthétique de l'évolution, qui incorpore Mendel au darwinisme, et qui a mis quarante ans à se mettre en place, n'est respectée que chez les métazoaires très évolués. Ça a donc été acquis, cela n'existe pas pour les métazoaires « inférieurs ». Les nématodes et les arthropodes sont les plus prolifiques. Une autre grosse différence entre les

[41] Buss L.W. (1987) The evolution of individuality. Princeton University Press.

animaux et les autres, les plantes et les champignons, c'est la présence chez ces derniers, d'une paroi, cellulose ou chitine. Chez les animaux, il y a ceux qui ont un exosquelette, comme les Ecdysozoaires, anciennement appelés Cuticulés, et ceux qui ont un endosquelette, invention qui précède, je crois, les Cuticulés. Les Insectes n'ont que 200 millions d'années d'existence, alors que les autres ont 700 millions d'années. Le mode de développement des Insectes, avec les métamorphoses, est complètement différent de celui des Vertébrés. François Jacob avait participé, je crois, à la réflexion qui avait conclu que la Drosophile avait « tout dit » concernant le développement. Parce qu'elle passe par les disques imaginaux et par la métamorphose, elle ne pouvait rien apporter pour la compréhension du développement des vertébrés. C'est comme ça, dit-on, que Christiane Nüsslein-Vollard a dû quitter l'EMBL, alors qu'elle a eu plus tard le prix Nobel pour avoir décrit les gènes de développement. Les personnes qui travaillent sur la Drosophile, cela ne leur pose aucun problème, mais c'est tout de même formidable : dans l'asticot, les tissus qui forment les disques imaginaux se différencient et le reste de l'asticot est lysé. À partir des disques se forment les pattes, les antennes, etc. Francis Crick lisait un livre sur les disques imaginaux, et il ne comprenait rien. Agacé, il a fini par jeter le livre par la fenêtre. Sydney Brenner écrivit dans *Current Biology*, lors du décès de Francis Crick, un petit article qui s'intitulait : « Francisco Paradiso ». Francis Crick arrive au paradis et demande à voir Dieu le Père. Lors de la rencontre, Dieu lui dit : « Je suis très honoré de rencontrer le docteur Crick », qui lui répond : « J'ai une question urgente : qu'est-ce que c'est que ces disques imaginaux ? Pourquoi avoir inventé les disques imaginaux ? ». Et la réponse : « On n'a pas eu de plainte depuis 200 millions d'années ! ». Et donc, endosquelette et exosquelette sont très différents. Chez les Cuticulés, le centrosome est très peu actif, et ne fonctionne vraiment qu'en mitose. Beaucoup de cellules de Drosophile l'ont perdu, elles n'en ont pas besoin. Au niveau génomique, les nématodes ont perdu la moitié des gènes de centrosome, et les Insectes un tiers. Des gènes qui sont présents chez les unicellulaires et conservés chez les Mammifères, sont absents chez les Cuticulés. C'est quand même fascinant. À un des meetings « *Centrosomes and SPBs* », j'avais dit une fois, que l'explication était la présence d'un exosquelette, que les contraintes qui s'exercent dans les cellules d'un tissu accroché à un endosquelette ne sont pas du tout les mêmes que dans un organisme qui possède un exosquelette sur lequel beaucoup de contraintes peuvent s'exercer. Les animaux ont donc inventé deux stratégies d'êtres multicellulaires. Entre les deux, il y a les lophotrochozoaires, qui sont les vers, les platelminthes, etc. Puis les deutérostomiens, qui vont vers les échinodermes et les chordés, avec l'encéphalisation. Il y a toute une histoire à comprendre et je pense que ce sera la biologie de demain. Il restera à comprendre comment des molécules peuvent devenir des messages.

- Le monde des ARN, par exemple, s'est extraordinairement complexifié depuis quelques années ! Pour revenir aux premières pluricellularisations, que penser de Volvox ?

- Volvox est un beau modèle de multicellularité, mais c'est dans la branche des Plantes. L'unité cellulaire est une sorte de Chlamydomonas et possède un chloroplaste. Il est très étudié pour la multicellularité, et ça montre deux choses : si on fait des multicellulaires, par exemple en interrompant la cytocinèse, les cellules se divisent et restent associées. Ces cellules ayant une paroi qui leur donne une forme sphérique, on ne peut les associer que comme on associerait des billes. Les colonies sont alors des sphères. Pour faire un animal multicellulaire, il faut des cellules qui soient « molles » (sans paroi), capables de changer de forme et de migrer. Les sphères de Volvox peuvent se dissocier, et elles sont capables de faire une lignée germinale et une lignée somatique. À l'intérieur des sphères, il y a des cellules non-flagellées qui se divisent. Les plus simples colonies dans la série des Volvox comportent quatre cellules. Une intégration structurale est observée, qui me sert beaucoup dans ma façon de poser les problèmes chez les multicellulaires : si la colonie nage, les flagelles ne peuvent pas continuer à battre comme s'ils étaient unicellulaires, il faut légèrement décaler le battement. Ce décalage structural entre les bases flagellaires et les noyaux compense la position de la cellule dans la colonie sphérique, et fait que l'ensemble de la colonie a un battement coordonné et directionnel. C'est un bel exemple de la contrainte exercée par la colonie sur l'organisation des cellules individuelles, mais ce n'est pas du tout la voie choisie par les multicellulaires animaux. Les personnes qui travaillent sur l'évolution vers la multi-cellularité mettent en équation des paramètres de « *fitness* », d'adaptabilité, au niveau viabilité, et au niveau reproduction. On comprend bien que la colonie impose aux individus de se conformer aux besoins de la colonie. Une autre question est fascinante : comme on l'a dit plus haut, les procaryotes et les eucaryotes, vus de haut, ont la même organisation, les unicellulaires et les multicellulaires ont aussi un cahier des charges qui se ressemble. Par exemple une paramécie, qui fait 300 microns, a « une bouche », un cytoprocte (l'équivalent d'un anus), un « tube digestif », même si ce sont des vésicules qui s'échangent les unes aux autres, et elle a des vésicules pulsatives (équivalents des reins). André Lwoff disait : « On distinguait trois types d'organismes, les unicellulaires, les pluricellulaires et les acellulaires ». Les Ciliés étaient des acellulaires. Pour un multicellulaire, les mêmes gènes vont être utilisés et les mêmes produits pour faire les mêmes fonctions : par exemple l'actine, pour faire du muscle, la myosine pour faire la contraction musculaire, mais à des échelles complètement différentes. Et ça aussi, c'est assez fascinant : comme s'il y avait les mêmes contraintes, qui poussaient aux mêmes solutions, évidemment à des échelles très différentes, en utilisant les mêmes matériaux. L'actine, qui permet aux cellules de migrer, de bouger, des transporter des choses à l'intérieur de la cellule chez les unicellulaires, est la même qui fait le muscle chez les eucaryotes supérieurs. Sauf que le muscle est configuré et fonctionne toujours entre deux points, alors que le « muscle » des cellules se fait et se défait tout le temps, mais c'est la même chose. Ce qui extraordinaire chez les métazoaires, c'est la coopération cellulaire. Chaque cellule sait où elle est dans le tissu, les cellules ne reçoivent pas les mêmes nutriments, ni les mêmes signaux. Un organisme qui bouge, qui court, c'est hallucinant ! Tout ce que ça demande comme contraintes et comme stratégie de signalisation ! L'encéphalisation demande un gros cerveau, c'est un système d'intégration, ça demande des cellules très grandes, qui intègrent des régions très différentes. Le nerf sciatique chez l'homme fait un mètre de long ! Depuis la région des vertèbres lombaires jusqu'au bout du doigt de pied. Pour faire de grands organismes qui sont intégrés, il faut aussi trouver des solutions au niveau cellulaire. Et toutes ces solutions existaient déjà au départ.

9.3. Évolution des disciplines

- Ce que tu décris est une transition formidable. Quelle évolution cette fois des sciences biologiques ? De la biologie descriptive à la biologie expérimentale, des disciplines qui disparaissent, ou changent considérablement, comme la physiologie animale et la physiologie végétale. Quel est ton point de vue par rapport à l'évolution rapide des disciplines ?

- À chaque époque, des choses sont mises en avant et dominent dans la collectivité, qui font qu'on va pousser une discipline plutôt qu'une autre. On croit qu'on a trouvé le Graal avec une voie, et donc, il faut oublier les autres. J'en ai déjà parlé. Lorsque Claude Paoletti a pris ses fonctions comme directeur des sciences de la vie du CNRS, une des premières mesures qu'il a proposée, qui a fait hurler une partie de la communauté, et qui a amusé l'autre, c'est : « Je ne veux plus entendre le mot physiologie ». Il faut le remplacer par dynamique moléculaire, ou je ne sais quoi. Au pays de Claude Bernard, les physiologistes se sont rebiffés. Physiologie, c'est la même origine que physique, *physis*, la nature. C'est comme s'il avait dit, on va supprimer le mot physique, on ne va plus parler que d'électrodynamique. Cela dit, c'est vrai que les choses évoluent, quand on lit sur l'histoire du vivant, les sciences du vivant au 18e siècle, on s'aperçoit que les gens se posent les mêmes questions à toutes les époques mais différemment. En ce moment, des personnes inventent des noms de disciplines et cela se mélange avec des querelles de territoires et la lutte pour les crédits ! L'homme est un animal du territoire, le scientifique comme les autres. Pour défendre ses moyens de recherche, sa sphère d'influence, il va expliquer que c'est comme ça qu'il faut faire, pas autrement. Je me souviens d'un physicien français que j'avais rencontré aux États-Unis, un grand spécialiste de météorologie, il travaillait à l'ENS. Je lui ai demandé pourquoi il avait choisi la météorologie. Il m'a répondu qu'il avait fait une petite analyse : « C'est un domaine pas trop encombré, ça demande de la physique assez élaborée et mon projet, mon objectif, c'est qu'à tous les niveaux de décision en France, quand on pense météorologie, on pense à moi. Et je veux me développer comme un arbre qui ne laissera pousser que des arbrisseaux ». C'était ça sa stratégie ! Sur le fond, il y a des nouvelles disciplines qui émergent, j'ai vu qu'à l'Institut Pasteur, ils ont quatre-vingt bioinformaticiens, et ils comptent en recruter quarante dans les années qui viennent. C'est une discipline en soi, parce que fouiller de façon intelligente et pertinente dans les données qui s'accumulent tous les jours, ce n'est pas donné à tout le monde. Le biologiste aujourd'hui, il faudrait qu'il sache tout faire. Il faut avoir à côté des matheux qui adorent ça, avec qui tu peux dialoguer. Ce sont des disciplines relativement nouvelles. Qui parlait de bioinformatique il y a trente ans ? Et puis, des disciplines s'inventent comme une espèce d'attitude démiurgique ou presque. Maintenant qu'on sait tout ou presque, pense-t-on, on va faire par exemple de la biologie synthétique. Dans la biologie synthétique, il y a tout ce qu'on veut. Des gens nous font rêver, ils vont tout réinventer. Mais en même temps se crée de la biologie synthétique intelligente, par exemple ce que fait Damien Coudreuse à Rennes aujourd'hui. Je l'avais rencontré à l'université Rockefeller à l'époque, en stage post-doctoral chez Paul Nurse, par rapport à la complexité de l'horloge biologique avec les cyclines, les différentes cdk et les gènes de contrôle. Il a construit chez la levure un gène fusionné cycline-cdc2, sous le contrôle d'un promoteur cycline, et il a enlevé tous les autres gènes, un par un, en particulier les gènes cdc et cyclines, et le cycle est exactement le même, rien n'est changé. Je me souviens de Paul Nurse, disant, en riant : « Il fout en l'air tout ce qui a fait ma notoriété ! ». C'est donc que cette complexité a une autre raison. À partir de cette souche bricolée, il enlève les gènes un à un et il regarde ce qu'il se passe. C'est de la belle biologie synthétique. À quoi sert cette complexité dont on n'a pas besoin ? Il commence à avoir des résultats, par exemple que le vieillissement est très progressif pour la souche sauvage, alors que dans la nouvelle souche, il est beaucoup plus lent, et tout d'un coup, tout s'arrête. L'autre approche est de partir de ce qu'on a compris, en repartant de zéro, et de faire marcher les choses comme on les a comprises. Alors que cela ne s'est probablement pas du tout fait comme ça. Je trouve plus intelligent de prendre une cellule, de la simplifier, par rapport à une machinerie déjà très complexe, qui implique beaucoup de gènes. Après, il peut construire des gènes fusionnés de plus en plus simples, et voir les conséquences à long terme sur la vie de la cellule.

- Une autre discipline en vogue, c'est l'épigénétique.

- C'est très en vogue à l'Institut Curie en particulier. Ça m'amuse lorsque j'entends parler d'épigénéticien, et pire, d'épigénome. On parle de ça dans les bons cénacles. Un jour, on m'avait demandé de faire une conférence pour l'ensemble des personnels de l'Institut Curie, dans le grand amphithéâtre du Collège de France. Pendant quinze minutes, il fallait que j'explique à tous les personnels ce qu'on faisait. J'ai fait un exposé simple, j'avais travaillé, et ça s'est bien passé. En descendant de l'estrade, je croise une collègue qui me dit : « C'était très bien mais tu aurais dû parler de l'épigénome ». Je lui ai dit que pour moi, l'épigénome, c'était toute la cellule. Autant le génome, ça a du sens, c'est une morphologie qui se régule, mais l'épigénome, ça fait partie du génome, c'est la manière de modifier l'expression de ce génome. Autant les mécanismes épigénétiques sont importants, par exemple combien de temps une cellule garde la mémoire de l'organisation de la chromatine qu'elle avait, tout cela est important, mais parler d'épigénéticien ou d'épigénome me paraît un abus de langage. Et aussi un manque d'imagination. Des gens qui sont toujours dans le modèle opéron, sauf que c'est plus compliqué, il y a des microARN, etc., qui ne peuvent abandonner les choses comme ça, qui continuent et qui parlent d'épigénome. Pour moi, c'est la régulation de l'expression génétique. Ce qui est intéressant, me semble-t-il, c'est que cela « saute » deux ou trois divisions ou même plus. On pensait que dans la vie d'une cellule, il y avait un début et une fin, mais pas mal de mécanismes « enjambent » deux divisions physiques, et c'est très important. C'est vrai aussi pour le centrosome, les divisions asymétriques qui donnent deux cellules différentes, qui n'héritent par conséquent pas des mêmes produits, des cellules vieilles et des cellules jeunes, toutes ces choses que certains avaient prédites. Des physiciens comme Fryman Dyson, avaient dit, ce n'est pas possible que ce soit une simple division, il faut qu'il y est un mécanisme de remontée du temps quelque part. Un bébé, il naît et il a tout à réapprendre, il ne naît pas en se coupant en deux. Une cellule, c'est pareil, il y a une cellule mère et une cellule fille, il n'y a pas deux cellules filles. Toutes les divisions sont asymétriques, c'est exploité davantage dans certains cas. L'hérédité corticale des ciliés que Janine Beisson avait mis en évidence chez Sonneborn en 1965, c'est magnifique[42]. Je me souviens, François Jabob avait fait un cours au Collège de France sur ce sujet. Pour simplifier, une cellule de paramécie hérite d'un défaut (une cinétie inversée par exemple) pendant mille générations ou plus. Il y des hérédités structurales qu'il faut comprendre. Je pense que ça passe par la duplication du centrosome ou du corps basal. Dans les algues unicellulaires avec deux flagelles différents, un petit et un grand, le corps basal jeune donne toujours un grand flagelle. Au cycle suivant, il prend la place du vieux et donne un autre flagelle, petit. Il y a non seulement, dans la vie d'un corps basal sur deux générations, un changement de produit, et l'information nécessaire est dans le corps basal, mais en plus le corps basal a changé de position dans l'espace. Des organismes unicellulaires comme *Giardia* ont quatre paires de flagelles. À chaque division, ils changent de position. Chez un autre unicellulaire, *Pyramimonas octopus*, il faut trois divisions pour que les huit corps basaux qui sont à la base de la touffe flagellaire se répliquent[43]. À chaque division, quatre vieux corps basaux partent avec quatre jeunes. Et en même temps, ils changent de position, jusqu'à atteindre une position qui ne changera plus : il faut trois divisions successives pour que les huit corps basaux de départ se retrouvent dans huit cellules différentes aux mêmes positions. Ça, c'est de l'épigenèse, c'est

---

[42] Beisson J, Sonneborn TM. Cytoplasmic inheritance of the organization of the cell cortex in paramecium aurelia. Proc. Natl. Acad. Sci. 1965, Feb ;53 :275-82.

[43] Moestrup O, Hori T. Ultrastructure of the flagellar apparatus in Pyramimonas octopus (Prasinophyceae). Protoplasma, 1989, vol. 148, pp41-56.

de la mémoire structurale qui n'est pas seulement l'activité du génome. On fait dire beaucoup de choses à l'épigenèse, comme si c'était une nouvelle discipline qui montrerait les limites de Darwin. Tout cela me paraît très fragile. L'épigénome ne veut rien dire, mais le terme est souvent employé. Je l'ai vu dans des rapports officiels importants, à l'EMBL par exemple.

- Si les autorités se saisissent de ces données, qui sont considérées comme des « innovations », ils mettent en avant ces nouvelles voies, parfois basées sur un mot de vocabulaire, dans des appels d'offre ! Il faut s'intéresser à l'épigénome, sans trop savoir à quoi il faut s'intéresser !

- C'est fou la crédulité !

- De même qu'à partir des années 1980, il fallait mieux être généticien moléculaire que physiologiste !

- La génétique existe depuis longtemps, c'est William Bateson, je crois, qui a trouvé le mot génétique. Elle était très mal et très peu enseignée en France. J'ai eu des cours de génétique formelle à l'Agro, c'était très employé, c'est-à-dire comprendre sans connaître les mécanismes intimes. Après est venue la génétique moléculaire qui a changé complètement de statut. On a oublié un peu la génétique formelle. Mais c'est vrai qu'on touchait à des mécanismes qui étaient tellement puissants qu'il y a eu à cette époque l'idée qu'on avait tout compris ou qu'on allait tout comprendre, c'est sûr. Et la biologie cellulaire, en France en particulier, a dû se battre pour exister (*NDLR* : voir plus haut). La microscopie électronique a permis de voir des choses qu'on n'imaginait pas. On a vu que le cytoplasme était bourré de vésicules, d'organites en tout genre, et il a fallu trente ans de fractionnements biochimiques et de microscopie électronique pour légitimer les descriptions faites sur les cellules entières. Les généticiens moléculaires étaient sur une autre idée. Les pères fondateurs de la biologie moléculaire se posaient pourtant des problèmes de cellule : comment une cellule bactérienne s'adapte à un changement de milieu ? C'est en posant des questions d'intégration cellulaire qu'ils ont découvert la biologie moléculaire. Évidemment quand l'opéron est sorti, on avait l'impression qu'on avait tout compris. C'était assez vrai, pour une certaine vision des choses. À chaque époque, il y a des bagarres de disciplines, des mots apparaissent et disparaissent, et il y a souvent des faiseurs, dans ces cas-là. Le fin du fin, c'est d'être à la fois spécialiste d'une discipline et d'une autre. Quand on parlait à des gens d'une discipline, on parlait de l'autre discipline et vice versa. Je me souviens des cancérologues pendant ma thèse, qui parlaient de diététique et de cancer. Quand ils parlaient à des cancérologues, ils parlaient diététique, et quand ils parlaient à des diététiciens, ils parlaient de cancer. Mais c'est vrai partout. Dans la finance, si on dit : « c'est là qu'on va gagner de l'argent ! », tout le monde accourt. Il y a un cas célèbre aux États-Unis où une femme a créé une entreprise et elle a levé neuf milliards de dollars sur du vent. Avec une goutte de sang, elle faisait deux cents tests. Révolutionnaire par rapport aux prises de sang de 20 millilitres ! Ça a duré trois ans. Et dans son conseil d'administration, elle avait Henry Kissinger, et d'autres anciens grands noms de la politique, qui n'y connaissaient rien. Extraordinaire ! Et comme elle était propriétaire de l'entreprise à hauteur de 50 %, c'était une des femmes les plus riches du monde. Elle faisait la une de tous les journaux de type *Vogue*, elle ne parlait jamais de science, elle avait 32 ans. En une journée, sur un clic, sa fortune a fondu. L'entreprise qui était estimée à neuf milliards a été ré-estimée à cinq cents millions. Les personnes qui avaient mis de l'argent ont tout retiré. Ça montre la crédulité des décideurs, des gens qui gèrent des masses d'argent énormes. C'est pareil en science ou en politique. Mais pour revenir sur les questions de l'évolution des disciplines, Peter Lawrence, un généticien de la Drosophile, a écrit un article en 2016, où il considère qu'en cinquante ans, il y a eu une dégradation considérable de la recherche[44]. Tout ce qui créatif et curiosité est négligé, au bénéfice de ce qui paye, de ce qui va rapporter, il est très sévère. Il pense qu'il y a une corruption de la science.

- Pour poursuivre sur les « nouvelles » disciplines, beaucoup, dans des domaines très différents, visent l'homme : cellules souches, biothérapies, bionique, etc. Beaucoup de sujets liés de près ou de loin à la santé humaine…

- À l'Institut Curie, on a essayé très fort d'accélérer, sans trop savoir ce que c'est, la recherche translationnelle : comment traduire la recherche fondamentale en recherche clinique. Personne n'a de recette, et cela ne marche jamais très bien. Cela marche bien quand un bon médecin et un bon chercheur se rendent compte qu'ils ont des choses communes, que le chercheur a accès à des tissus et des pathologies qu'il ne connaissait pas, et que le médecin a accès, grâce au chercheur, à une connaissance qu'il ignorait, sur la même question. Là, ça peut marcher. Mais cela ne peut pas se décider de façon systématique à l'avance, par la tutelle. Maintenant que la société demande à la recherche d'avoir une certaine pertinence, c'est évident, c'est normal.

- Te concernant, j'ai des souvenirs anciens, au cours des années 90, de programmes financés par l'ARC ou la Ligne Contre le Cancer. Tu donnais comme argument que la connaissance fondamentale - les fonctions du centrosome pour ne pas le citer - pouvait avoir des répercussions sur des cellules cancéreuses, dont le cycle cellulaire était perturbé. Mais des répercussions, il y en a eu ?

---

[44] Lawrence PA. The Last 50 Years: Mismeasurement and Mismanagement Are Impeding Scientific Research. *Curr Top Dev Biol.* 2016;116:617–631.

- À l'époque non. Mais aujourd'hui, on a tous les gènes codant les protéines du centrosome. La question cancer et centrosome date de Théodore Boveri lui-même, qui avait vu, il y a plus de cent ans, qu'il y avait des fuseaux multipolaires dans les cellules transformées et qui avait vu qu'il fabriquait des fuseaux multipolaires dans des œufs de grenouille quand il forçait l'entrée de deux spermatozoïdes. La question, c'est : est-ce que c'était causé ou causant ? Est-ce que les anomalies de division viennent du centrosome, est-ce l'altération primaire dans le cancer ou pas ? De plus en plus d'évidences suggèrent que c'est la polarité cellulaire qui est touchée, et donc que le centrosome est impliqué. Précédemment, je disais que pour faire un cerveau, il fallait des cellules qui soient capables d'intégrer des régions qui sont très éloignées les unes des autres, des cellules hyperpolarisées, où la polarité de base des cellules est importante. C'est probablement la raison pour laquelle de nombreuses pathologies du développement du cerveau, comme les microcéphalies, touchent les gènes codant des protéines centrosomiennes. Parmi tous les gènes de microcéphalie - il y en a une quinzaine - une douzaine sont des protéines de centrosome et les trois autres sont des protéines de cils primaires. Pourquoi ? Parce que ce sont les mêmes problèmes qu'ailleurs, mais dans le cerveau, ça devient de plus en plus critique, le moindre défaut a des conséquences dramatiques, qu'on ne retrouve pas dans d'autres tissus. Pour un des gènes impliqués dans une microcéphalie, les auteurs ont montré, dans des modèles animaux, qu'il y a aussi un problème d'infertilité mâle, mais pas femelle. En méiose I chez le mâle, les complexes synaptonémaux sont rassemblés en bouquet en face de la membrane nucléaire, et ils ont démontré clairement que le centrosome a un rôle pour l'organisation du bouquet. En son absence, il n'y a plus de bouquet et aucune production de gamètes mâles. Centrosome et cancer, c'est tout à fait à l'ordre du jour, beaucoup de publications sortent. Mais il n'y a pas que le cancer. Pour le cancer, c'est ma doctrine, quelle que soit la mutation, il y a toujours un problème de polarité cellulaire. Et il y a trente-six façons de canuler la polarité cellulaire. Il suffit qu'elle ne soit pas très stable, pour petit à petit miner l'intégrité d'un tissu, que la cellule n'ait plus de contact avec ses voisines. Cayetano Gonzales travaille sur la division asymétrique des neuroblastes chez la Drosophile, qui produit une grosse cellule qui reste cellule souche et une toute petite qui va donner les ganglions. On dirait une levure qui bourgeonne. C'est extraordinaire ! En injectant ces cellules mutantes dans un abdomen de mouche adulte, cela donnait une tumeur, ou pas. Il a un marquage GFP (green fluorescent protein), il voit tout de suite le ventre devenir vert et qui grossit. Les cellules qui provoquent une tumeur ont une mutation sur un gène de polarité. Que ce soit lié au centrosome ou à la membrane, ce qui est touché, c'est la polarité. J'aime bien cette idée, parce que la polarité, c'est fondamental, et le centrosome a beaucoup à voir avec la polarité propre des cellules. Cela progresse beaucoup, mais on affine les considérations. Il y avait cette idée que dans les tumeurs très agressives, de l'ovaire par exemple, il y avait une amplification des centrosomes. Comment une cellule qui va faire une catastrophe à la mitose, parce qu'elle possède beaucoup de centrosomes, se propage ? En fait, les cellules « clusterisent » leurs centrosomes en mitose, font une bonne division et continuent de se développer. À chaque mitose, des défauts s'accumulent, et on arrive à des cellules monstrueuses, avec des translocations de chromosomes. Mais est-ce causant ou est-ce que c'est une conséquence ?

9.4. Et encore les modèles biologiques…

- Je voulais revenir pour conclure sur les modèles biologiques. Comment justifie-t-on un modèle par rapport à la question scientifique posée ? Et évidemment, pourquoi quarante ans de recherche sur le centrosome ?

- On connaît bien sept ou huit modèles biologiques, on sait tout sur eux ou presque. Mais il y en a des centaines de milliers d'autres. Il y a souvent beaucoup d'habitudes, le modèle en vogue, le modèle qui a eu du succès. Les chercheurs qui inventent des nouveaux modèles, c'est rare. C'est ce qui a valu le prix Nobel à Sydney Brenner. Le modèle du ver rond, *Caenorhabditis elegans*, c'est lui ! Il y a toute une correspondance qu'on peut trouver dans un journal de génétique, où il a justifié le choix du modèle. C'est un animal avec une quantité de cellules très limitée, qui grandit très vite, en trois jours. Ce modèle qui a apporté énormément, il a fallu le penser à l'avance. Si je veux savoir comment se développe un animal, il faut prendre un animal très simple, avec un nombre de cellules restreint, et je tombe sur le ver rond, qui n'est pas très agréable à voir, qui sent mauvais, qui mange des bactéries, mais ça marche. Il a fait souche. Avec les collègues avec qui il partage le prix Nobel, ils ont fait tout le lignage cellulaire. Il était venu au Collège de France, invité par François Jacob, pour faire quatre ou cinq cours, et il avait dit : « Ce que m'a appris *C. elegans*, c'est que le développement n'est pas une affaire de molécules, c'est une affaire de cellules ». Pourquoi une cellule tout à coup change de direction, va s'installer là-bas, pourquoi l'une va mourir, et pas l'autre, après une division ? À l'époque, il avait écrit de très jolies choses, il est très brillant. Il avait dit : « On veut savoir plus que des choses évidentes comme tel gène s'allume et s'éteint à tel moment ». Pourtant, c'était un des pères de la biologie moléculaire. Inventer des modèles, c'est brillant. En 2010 a eu lieu le séquençage de l'amibe *Naegleria*, modèle unicellulaire mis en avant par Chandler Fulton, aux États-Unis. Pourquoi ? Parce que c'est une amibe, qui vit comme telle, et qui est un des rares cas, c'est peut-être le seul cas connu, qui n'a pas de microtubules cytoplasmiques ni de centrosome. Juste des microtubules dans le noyau, au moment de la mitose. Ces amibes, si on les met dans de l'eau distillée, en une heure se transforment toutes en cellules flagellées : elles vont assembler deux centrioles/corps basaux en quarante minutes, puis deux flagelles, et elles vont assembler un grand nombre de microtubules corticaux, pour faire un corset qui leur donne une forme hydrodynamique. Elles vont nager cent fois plus vite qu'elles ne migraient au stade amibe. Mais comme flagellées, elles ne grossissent pas. Pour continuer à croître, il faut qu'elles reviennent au stade amibe. C'est une stratégie de survie, de prudence. Le génome a donc été séquencé, c'est un organisme très ancien, et là, surprise : 16 000 gènes ! Presque comme nous ! Elle a tout ce qu'il faut pour nager, pour migrer, elle a tous les gènes qu'il faut. Quand on regarde de près, 3 500 gènes environ sont retrouvés dans tous les embranchements du vivant. On retrouve la complexité considérable dès le départ, et ça montre qu'effectivement, il y a beaucoup de modèles à explorer. Un modèle à la fois limite la vision et apporte. Quand j'étais jeune, on travaillait sur un modèle à vie. On ne savait pas ce qu'il se faisait sur les autres modèles. Aujourd'hui, on sait qu'il y a une unité du vivant, qui permet de passer d'un modèle à l'autre. Mais à chaque fois, il y a une zoologie, comme disait Paul Nurse, qu'il faut comprendre, pour chaque organisme. Chaque modèle apporte ses avantages, comme les gènes de développement de Drosophile, qui ont permis une percée formidable. Donc, chaque modèle a ses vertus. Pourquoi les levures ont été si utiles à la compréhension du système humain, c'est parce que ce sont des Opisthocontes justement. Tous les gènes isolés sur le trafic membranaire ou sur le cycle ont été trouvés facilement chez les mammifères parce qu'on est dans le même super-groupe. On a une zone commune à toutes les branches, où il y a 3 500 gènes qui se distribuent dans toutes les espèces, qui sont à chercher dans un ancêtre unicellulaire qui les possédait, et qui était probablement lui-même déjà très compliqué. Il ne faut pas imaginer un seul type cellulaire, c'est probablement une population cellulaire qui avait, suivant le milieu, une vie d'amibe, une vie de flagellé ou une vie autre, et c'est de ça que nous sommes « sortis ». Quelle histoire, pour une telle descendance ! Aujourd'hui, avec la phylogénomique, on arrive à rabouter les choses beaucoup mieux, à comprendre comment elles s'emboîtent, comment elles sont apparues, comment elles ont été inventées, ou ont disparu, et ça change les résultats. Mais c'est sûr que nous sommes liés à un modèle. Et chacun est convaincu que ce qu'il a trouvé dans son modèle est la norme, et que le reste représente des exceptions. Il y a eu des débats sans fin sur les processus d'assemblage du fuseau de division cellulaire par exemple, en oubliant qu'on est dans un environnement méiotique dans un cas et mitotique dans un autre cas. De même pour le centrosome, le fait qu'il n'y ait pas de centrosome dans certaines espèces comme les plantes, que les plantes se débrouillent sans centrosome, a conduit certains chercheurs à conclure que ce n'est pas si important que ça. Jamais personne n'aurait dit ça des chloroplastes. Les animaux n'ont pas de chloroplastes, mais on sait bien que les plantes, sans chloroplastes, ne feraient pas de photosynthèse, sur laquelle repose le vivant. Lorsqu'on connaît la fonction, ça fait sens : il n'y a pas de chloroplastes chez les mammifères parce qu'ils ne font pas de photosynthèse, c'est tout. Mais ça n'enlève rien à leur animalité ou leur statut de vivant. Par contre, le centrosome, comme on ne savait pas trop à quoi ça servait, tout et n'importe quoi a été dit, y compris le fait qu'on ne le trouve pas partout. Alors qu'au contraire, le fait qu'on ne le trouve pas partout rend intéressant le fait de savoir pourquoi il se trouve là et pas ailleurs. Les modèles sont donc très utiles pour comparer les résultats. Très souvent, en biologie, les gens essentialisent, ils imaginent les choses fixées. Alors que tout est toujours changeant, plastique, fluctuant. Sauf à certaines étapes : quand on a exploré l'état d'encéphalisation, on ne peut pas revenir à l'état de lombric. Quand bien même c'est la bactérie qui nous a permis de comprendre les bases de la biologie moléculaire, quand Jacques Monod disait : « Ce qui est vrai de la bactérie est vrai de l'éléphant », ce n'est pas tout à fait vrai. Seulement à un certain niveau. Certains mécanismes sont valables pour tous les organismes. Mais de là à croire qu'on a tout compris parce qu'on a compris la gestion de certains gènes de la bactérie, on se trompe lourdement. Ce qui est amusant, c'est de voir comment, bien qu'on ait découvert que la chromatine était beaucoup plus compliquée, que les gènes étaient morcelés, qu'il y avait des petits ARN, qu'il y avait toute une plasticité de génome incroyable, beaucoup restent sur des idées simples, en gros, sur des paradigmes mis en place sur la bactérie. Il y aura un jour un saut, et ça paraîtra un peu décalé. C'est vrai, personne n'ose aller plus loin au niveau des idées encore. Même les personnes qui parlent d'épigénétique, ils sont à fond sur des modèles avec le schéma classique d'assimilation d'une cellule, un signal qui arrive à la membrane, jusqu'à activer ou inhiber un gène. Ce n'est probablement pas comme ça que ça marche. Dans certaines revues spécialisées un peu descriptives, la description du cycle végétatif des organismes étudiés va assez loin. Des revues comme *Protistes* ou *Protoplasma* décrivent des systèmes complètement exotiques, avec beaucoup de choses peu connues. On s'aperçoit que le vivant a tout essayé. Bref, le bon modèle, c'est celui qui crée une espèce de sillage. Le choix de la Drosophile par Morgan a été très important.

- À la fois un sillage, ou une mode ou parfois une impossibilité ! On ne peut pas travailler sur l'homme, alors on travaille sur un autre mammifère, comme la souris.

- Avec en parallèle des systèmes modèles comme la levure, la Drosophile ou comme *C. elegans*, où il y a des bases de données communes, où les chercheurs puisent des mutants. Tout l'acquis collectif est gardé de façon très intelligente et il est exploitable immédiatement. On gagne énormément de temps à utiliser un modèle connu. Si tu as une question originale à poser, tu n'as pas tout à réinventer. Dans la levure, tous les gènes ont été « taggués », un chercheur peut demander les collections, commencer un sujet en demandant les mutants dans de nombreuses situations, et tout est donné. L'intérêt d'un modèle, c'est que ça permet un travail collectif, une accumulation collective de connaissances.

- Certains utilisent parfois des modèles originaux. Des chercheurs se sont intéressés à une petite méduse, et les travaux ont conduit à la protéine fluorescente GFP, utilisée dans tous les laboratoires du monde !

- Rien n'est jamais écrit à l'avance. Et la GFP a été d'autant plus utile qu'elle a été exploitée dans des systèmes où il y avait des mutants, évidemment. Et puis il y a différents types de chercheurs, de cultures, de formations, on ne cherche pas tous les mêmes choses. Les chercheurs qui ont trouvé la GFP, ils cherchaient des mécanismes photoluminescents, c'était de la chimie de haut vol, qui d'ailleurs a valu le prix Nobel de chimie à Roger Tsien, c'est ça qui les intéressait. Évidemment, ils partaient d'une espèce phosphorescente. C'est comme les chercheurs qui essayent de comprendre comment les diatomées fabriquent du verre à température ordinaire, ce qu'on ne sait pas faire à Saint-Gobain ! Les modèles ont donc une vertu essentielle, d'accumuler des connaissances, en sachant que cela a des limites. Et cela dépend aussi si on veut savoir pour l'homme, ou simplement pour savoir ! Le moment où on voit la prégnance des modèles, c'est quand on s'éloigne d'un système. Les végétalistes, qui font de la physiologie végétale, sont souvent d'excellents chercheurs. Leur réputation ne sort pas trop de leur cercle parce qu'il y a un saut important pour passer aux autres systèmes, notamment les systèmes animaux ! Mais des choses superbes se font chez les plantes qui ne pourraient pas se faire ailleurs, et qui montrent l'unité du vivant. Des physiciens et des biophysiciens s'intéressent aux plantes de manière très originale.

- Le chercheur va faire un choix par goût, pour la biologie végétale par exemple, et par opportunisme, le choix du modèle ?

- Il faudrait demander à ceux qui le font. Un brillant chercheur en neurobiologie, quand j'étais à Pasteur, a fait ensuite un stage post-doctoral sur les plantes puis il a fondé un groupe de recherche sur la physiologie des plantes, au phytotron à Gif-sur-Yvette. Je ne lui ai jamais demandé ses motivations. Certains changent de sujet et de modèle assez souvent, d'autres restent sur un modèle, posent des questions différentes, d'autres posent la même question toute leur vie. Et puis en biologie, il y a des personnes qui ne sont pas biologistes mais qui travaillent sur des systèmes biologiques. Je citais Roger Tsien et des chercheurs comme lui qui ont travaillé sur la GFP, ils ne s'intéressent pas au vivant en tant que tel, ils s'intéressent à une mécanistique. D'autres au contraire, quel que soit le modèle qu'ils choisissent, veulent comprendre plus largement. Je me souviens, une fois, à Dresde, il y avait eu une semaine physique-biologie. Il y avait tous les physiciens de la matière molle, qui étaient passés à la biologie, et des biologistes. À la fin, un physicien a dit : « On a eu deux archétypes d'exposés de physiciens et de biologistes. Tom Duke, un physicien théoricien anglais, qui pose des problèmes de biologie, mais comme un physicien, et l'autre, Michel Bornens, en biologie, qui raconte une histoire ». Et c'est sûr, on a chacun ses intérêts. Le vivant est un objet historique, c'est un système qui a une histoire. La physique, ça n'a pas d'histoire. Ce qui s'est passé avant ou après n'est pas important.

- Pour les astrophysiciens, l'histoire a une grande importance !

- Oui, pour l'astrophysique, tout à fait. Quand tu découvres que le tableau de Mendeleïev s'est inventé au cours du temps. Au début, il n'y avait que l'hydrogène. Comme disait François

Jacob : « Pour les physiciens, Dieu, c'est l'hydrogène ! ». Et un à un, les atomes ont été créés. Par exemple, on parlait de la transition unicellulaire/multicellulaire. Pendant plus de deux milliards d'années, le vivant a été unicellulaire, et il est multicellulaire depuis 700 à 800 millions d'années. Il a fallu inventer des stratégies extraordinaires pour en arriver là.

- Sur des durées qui donnent un peu le vertige…

- Oui. Et l'espèce humaine a quelque chose comme 100 000 ou 200 000 ans. Si tu regardes les génomes de tous les unicellulaires, les gens s'attendaient à ne pas trouver des protéines d'adhésion, des protéines complexes présentes chez les multicellulaires. En fait, tout est là, mais cela sert à autre chose, c'est différent, c'est modifié. Et la vraie raison pour laquelle cela m'étonne tant, c'est probablement qu'il fallait assez d'oxygène pour pouvoir faire des grosses structures, pour que l'oxygène puisse diffuser dans les gros organismes. Il a fallu inventer des systèmes qui produisaient de l'oxygène : inventer l'oxygène, fabriquer ensuite des quantités suffisantes pour pouvoir faire des gros organismes. Les raisons ne sont pas toujours évidentes.

- Pour revenir à ton propre parcours, il y a chez toi une constante, même si tu as posé des questions différentes dans des modèles différents, il y a quand même cette constante, la cellule et le centrosome.

- Quand j'ai rencontré le centrosome par hasard, j'isolais des enveloppes nucléaires, mais elles avaient un centrosome associé. C'est un organite qui est connu depuis le début de la biologie cellulaire moderne, depuis Boveri, Flemming, et Van Beneden. Ce qui était fascinant, c'était qu'il n'y en avait qu'un exemplaire par cellule. Il obligeait à penser la cellule. Les mitochondries, tu en as tout de suite des dizaines : elles se coupent, elles fusionnent. Le centrosome, il n'y en avait qu'un. Et en plus il se reproduit, il se dédouble. Je me suis rapidement convaincu qu'il y avait quelque chose à comprendre là. On savait déjà beaucoup de choses sur le noyau et sur l'expression des gènes, et il y avait déjà l'idée que les deux points qu'on voyait à côté du noyau et les deux points qu'on voyait à la base des flagelles, c'était la même chose. C'était une hypothèse pendant longtemps, après c'est devenu une évidence : des mitoses avec des flagelles qui partaient des pôles, et puis la microscopie électronique a montré que les deux points étaient des cylindres asymétriques, les centrioles. Il y avait le fait que tous les systèmes sensoriels étaient des dérivés flagellaires ou centriolaires, le fait que les cônes et les bâtonnets de la rétine étaient des cils modifiés. J'ai lu énormément sur tout ce qui était perception à l'époque, intuitivement, sans analyser en détail, j'étais convaincu que ça nous ouvrait le rapport à l'environnement, le rapport au monde, la perception. Or, le vivant se reproduit, certes, il est capable, dans les molécules, de mémoriser une histoire, mais il est aussi en permanence en train de percevoir. Et au début, à Pasteur, j'avais l'idée que la perception était le futur de la biologie : quand on comprendrait la perception en détail. Qu'est-ce que ça voulait dire percevoir l'environnement ? La cellule allait bien au-delà du « sac de molécules » dans lequel les enzymes trouvaient leur substrat par diffusion, il y avait une architecture, une organisation, et à l'époque, je l'ai déjà dit, le cytosquelette est revenu en force. Il avait été un peu oublié à cause de la microscopie électronique, qui faisait des coupes très fines de cellules et qui voyait surtout les membranes, les contours membranaires. Les fractionnements cellulaires n'étaient pas favorables à la caractérisation du cytosquelette. C'est à la même époque que l'immunofluorescence est venue en force, pour le cytosquelette d'abord, montrant que la cellule était en fait remplie de fibres. Tout à coup, on voyait la cellule complètement différemment. C'est ce que j'ai rappelé lors de l'interview dans *Le Monde* en 2016, sur les microtubules. Les premiers papiers de Lazarides et Weber, c'était étonnant. Ils marquaient l'actine, et des protéines d'interaction avec l'actine, sur des cellules qui se réétalaient après la division, des figures superbes en géodôme transitoire, on regardait ça comme on aurait regardé la pyramide du Louvre ! C'était extraordinaire, c'était magnifique ! La cellule est devenue pour moi remplie de manière « intelligente », d'un ensemble de fibres, qui transportaient des signaux ne diffusant pas de façon lente. Néanmoins, on a eu longtemps l'idée que c'était un squelette post-mortem, quelque chose de très stable. Et puis sont arrivées les premières expériences d'injection d'actine ou de tubuline marquées avec un fluorochrome. Et ô surprise, les microtubules se renouvelaient, tout le réseau microtubulaire devenait marqué en moins d'une heure. D'un coup, il était devenu beaucoup plus dynamique. Et en 1984, Tim Mitchison et Marc Kirschner ont proposé « l'instabilité dynamique des microtubules », et posé une question très importante : « Comment se fait-il que l'évolution ait sélectionné des mécanismes qui coûtent en énergie, consommant du GTP (pour la tubuline) ou de l'ATP (pour l'actine) ? Quel est l'intérêt de consommer de l'énergie à faire ça ? ». Et leur réponse était que le coût en énergie est rendu en termes d'adaptabilité. On a un système qui peut se reconfigurer rapidement à tout moment, avec l'idée d'une stabilisation sélective. Même si c'était faux dans le détail, en particulier pour la polarisation des cellules, l'idée était extrêmement intéressante, très darwinienne. J'avais insisté sur cette idée auprès du journaliste du *Monde*[45], mais il l'avait trouvée trop spécialisée (!), un système fluctuant tout le temps. C'est aussi l'idée de base de la robotique « *curiosity-driven* » dont j'ai déjà parlé, où le robot bouge tout le temps, essaye tout le temps avant de s'engager dans un mouvement ou une action. Sur le

[45] David Larousserie. Voyage au cœur des cellules https://www.lemonde.fr/medecine/article/2016/06/13/voyage-au-c-ur-des-cellules_4949567_1650718.html

centrosome, je m'étais commis là-dessus très fort, j'ai arrêté de manipuler pendant des mois pour lire tout ce que je pouvais trouver sur le centrosome, qui me paraissait un objet intuitivement négligé, important. Et surtout, il y avait toute cette connexion mal comprise avec la sensorialité, la plupart des systèmes sensoriels des animaux supérieurs, comme la vue, était des cils, les autres comme l'audition étant à base de microfilaments d'actine, mais avec quand même un kinocilium, tout nous portait vers cette idée-là. Une fois que tout ça a été mis en place, il a bien fallu arrêter de réfléchir pour le plaisir. Mais attention, le centrosome est un objet qui a coûté leur carrière à certaines personnes ! Aux États-Unis, des chercheurs ont risqué leur carrière là-dessus et ont parfois perdu ! Je reçois encore des courriers de gens complètement allumés par le centrosome, par le centriole, par la structure, les gens de « *l'intelligent design* » aux États-Unis, qui ne croient pas à Darwin. Ils se servent du cil, et du centriole-corps basal, comme argument pour dire qu'ils ne peuvent pas être dans la cellule par hasard ! Je reçois régulièrement des courriers de gens qui me demandent ceci, cela, sur le centriole. Il y a quelques années, un Italien de Turin, un ingénieur, pas du tout biologiste, a rencontré le centriole et a fait tout une construction sur l'idée que les centrioles avaient tout pour être un modèle géométrique, résistant au bruit, permettant de traduire les signaux morphogénétiques en une localisation précise dans la cellule ! Je lui ai répondu, en lui disant de se méfier d'une approche stricte d'ingénieur. Il l'a très mal pris au début, et après il est revenu, s'est excusé : « Je comprends que c'était très sage de votre part de me mettre en garde ». Le centrosome est un objet qui attire. Moi, il m'attirait pour deux raisons : son comportement dans les cellules non adhérentes, des films de Policard et Bessis ; à l'époque, les gens faisaient de la microcinématographie, il n'y avait pas de vidéo-microscopie, c'était toute une installation, il fallait développer les films, c'était lourd, les caméras, et très peu de labos avaient accès à ça. Ces chercheurs ignoraient la molécule. C'était deux mondes complètement séparés. Or leurs films montraient des choses amusantes, dans les leucocytes, les globules blancs du sang, le fait que le centrosome soit toujours décrit dans un hile nucléaire, un hile préformé où il se mettait. En fait, c'était l'inverse, c'était le centrosome, et peut-être les microtubules interagissant avec la membrane nucléaire, qui induisait la déformation du noyau, le noyau se déformait tout le temps dessus, il semblait plus inerte, plus constant, plus résistant. Et on avait l'impression que la cellule bougeait autour de ça, d'où l'idée que c'était un objet extrêmement important pour l'intégration cellulaire. L'autre raison était le fait que le centrosome induisait le clivage parthénogénétique de l'ovocyte de Xénope. Mais çà, tu connais bien, puisque tu as fait ta thèse, et même beaucoup plus, là-dessus. Après cette longue période de réflexion, j'ai décidé simplement de choisir des thèmes, des questions différentes mais abordables expérimentalement, qui permettaient d'aborder doucement le centrosome. Et puis, on est arrivé à des purifications excellentes, une ultrastructure très bonne, au moment, vers les années 1990, où on avait des purifications très poussées, on les nettoyait à haute force ionique. Je me souviens qu'on avait fait une quantité de centrosomes hallucinante, en trois mois, je crois $5x10^{10}$, lavés avec 0,5M de chlorure de sodium. On les avait envoyés à un labo qui faisait des gels bidimentionnels très résolutifs de cellules humaines, au Danemark. Mais ils ont tout perdu ; ça m'a dégouté de cette approche purement analytique. Peu de temps après est arrivé le génome humain, ça changeait tout ; avec la spectroscopie de masse, tout était beaucoup plus facile ; une petite séquence polypeptidique permettait de trouver la séquence nucléotidique complète d'un gène…. Il y avait des labos spécialisés dans cette approche … Je leur ai envoyé à leur demande, et avec plaisir, la lignée humaine sur laquelle on avait mis au point l'isolement des centrosomes…

Michel est interrompu.

Épilogue

Elle - Il est une heure, je m'en vais.

Lui - Tu t'en vas ?

Elle - Il est une heure… de l'après-midi !

Lui - Ah oui !?

Elle - Oui. Une heure moins cinq. Si vous voulez manger, il y a du jambon blanc dans le…

Lui - Il est une heure moins cinq ? On va s'arrêter alors…

Elle - … Du jambon blanc dans le frigo. Et des ravioles.

Lui - Tu t'en vas ?

Elle - Oui, je m'en vais. Je t'avais dit que j'allais à Paris. J'ai déjà attendu assez longtemps avant de partir, mais là je m'en vais. Il faut que je rentre tôt, il y a Philippe qui vient tout à l'heure, mais moi je serai là.

Lui – Moi, je m'en vais tout à l'heure.

Elle - Tu te débrouilles. Si tu veux te faire de la salade, tu t'en fais, il y en a.

Lui - Bon. On va peut-être arrêter ce machin, parce que ça, ce n'est pas du tout intéressant.

Elle - Excusez-moi pour la digression.

Moi - C'est nous ! Je n'ai pas regardé l'heure…

Lui - Il est une heure. Il faut s'arrêter.

Elle - Bon voyage !

Structures éditoriales du groupe L'Harmattan

L'Harmattan Italie
Via degli Artisti, 15
10124 Torino
harmattan.italia@gmail.com

L'Harmattan Hongrie
Kossuth l. u. 14-16.
1053 Budapest
harmattan@harmattan.hu

L'Harmattan Sénégal
10 VDN en face Mermoz
BP 45034 Dakar-Fann
senharmattan@gmail.com

L'Harmattan Cameroun
TSINGA/FECAFOOT
BP 11486 Yaoundé
inkoukam@gmail.com

L'Harmattan Burkina Faso
Achille Somé – tengnule@hotmail.fr

L'Harmattan Guinée
Almamya, rue KA 028 OKB Agency
BP 3470 Conakry
harmattanguinee@yahoo.fr

L'Harmattan RDC
185, avenue Nyangwe
Commune de Lingwala – Kinshasa
matangilamusadila@yahoo.fr

L'Harmattan Congo
67, boulevard Denis-Sassou-N'Guesso
BP 2874 Brazzaville
harmattan.congo@yahoo.fr

L'Harmattan Mali
ACI 2000 - Immeuble Mgr Jean Marie Cisse
Bureau 10
BP 145 Bamako-Mali
mali@harmattan.fr

L'Harmattan Togo
Djidjole – Lomé
Maison Amela
face EPP BATOME
ddamela@aol.com

L'Harmattan Côte d'Ivoire
Résidence Karl – Cité des Arts
Abidjan-Cocody
03 BP 1588 Abidjan
espace_harmattan.ci@hotmail.fr

Nos librairies en France

Librairie internationale
16, rue des Écoles
75005 Paris
librairie.internationale@harmattan.fr
01 40 46 79 11
www.librairieharmattan.com

Librairie des savoirs
21, rue des Écoles
75005 Paris
librairie.sh@harmattan.fr
01 46 34 13 71
www.librairieharmattansh.com

Librairie Le Lucernaire
53, rue Notre-Dame-des-Champs
75006 Paris
librairie@lucernaire.fr
01 42 22 67 13

www.ingramcontent.com/pod-product-compliance
Lightning Source LLC
LaVergne TN
LVHW010933061026
849535LV00007B/2376
* 9 7 8 2 3 4 3 2 1 2 2 3 4 *